熬夜和想你我都会戒掉的

云晞 ○ 著

AO YE HE XIANG NI,
WO DOU HUI JIE DIAO DE

台海出版社

图书在版编目（CIP）数据

熬夜和想你，我都会戒掉的／云晞著.—北京：
台海出版社，2018.11
ISBN 978－7－5168－2155－8

Ⅰ.①熬… Ⅱ.①云… Ⅲ.①情感－通俗读物
Ⅳ.①B842.6－49

中国版本图书馆 CIP 数据核字（2018）第 244957 号

熬夜和想你，我都会戒掉的

著　　者：云　晞

责任编辑：武　波　曹文静　　　　装帧设计：天下书装
版式设计：天下书装　　　　　　　责任印制：蔡　旭

出版发行：台海出版社
地　　址：北京市东城区景山东街20号　邮政编码：100009
电　　话：010－64041652（发行，邮购）
传　　真：010－84045799（总编室）
网　　址：www.taimeng.org.cn/thcbs/default.htm
E－mail：thcbs@126.com

经　　销：全国各地新华书店
印　　刷：三河市人民印务有限公司
本书如有破损、缺页、装订错误，请与本社联系调换

开　　本：880mm×1230mm　　　1/32
字　　数：192千字　　　　　　印　　张：8.5
版　　次：2019年2月第1版　　印　　次：2019年2月第1次印刷
书　　号：ISBN 978－7－5168－2155－8

定　　价：42.00元

目录
CONTENTS

一　天亮之前，再想你最后一次

无论此时此刻，你身处何方，身边有着谁，都请允许我，再想你一次，就这最后一次。

01

在删掉你的第 270 天，我又登上微博看了你。

几个月没有登录，密码都快忘了。好在，那几个数字特殊，是你的生日，所以我一直记到现在。

你的动态，每天都有更新：去了哪里，见了谁，听了什么歌，看了什么书。你的生活过得很充实，并没有因为我的缺席而暗淡无光。

从第一条到最新的一条，从头看到尾，不敢点赞，不敢留言。也只有在这里，我才不怕你知道我来过。因为微博上不会留下访客记录，不会留下我来过的痕迹。

你不知道我来过，但我却清楚你所有的事情。

02

我忘了具体哪一天跟你表白的，只记得是在三月份。

给你发了几百字的告白后，你问我从什么时候开始喜欢你的？

具体时间，我答不上来。"我喜欢你很久了，很早之前就喜欢你了。"我语无伦次，生怕你听错了。

真的，很早很早之前，就喜欢上你了。但具体是哪一个瞬间，哪一时刻，哪一天，我记不得了。

"相比起爱情，我更喜欢友情。"你回我。你知道吗？看着这句话，我旁若无人地哭了好久。

那时候，我正走在大街上。那是我第一次，在大街上哭，不管不顾地哭，忘我地哭。那也是我第一次，因为一个男生而哭。

哭完之后，我还笑着对你说："没事啊，那我们就当朋友好啦。"记得那天，太阳很大，天气很暖。可在我眼里，周遭的一切，都变得很可恶，也包括你。

你说不想把友情变成爱情，因为如果爱情没有结果，那最后会连朋友都当不成。

我说好，那就永远当朋友。只要能陪着你，朋友就朋友吧，我不介意。

直到几个月后，闺蜜和我说喜欢就大胆去追。朋友我们不缺，要是当不成恋人，那就这样吧。

终于，在第二次跟你说时，你叹气："傻不傻啊？"你问我傻不傻，怎么会喜欢上你？

傻啊，怎么会不傻呢？不傻的话就不会因为声音而喜欢你了，而且还无法自拔。

你可能都不记得自己对我说过的第一句话了。没关系，我记得就好。

那天早上，我刚起床，就收到你的消息。点开一看，是语音。"丫头，早安。"短短的几个字，却在一瞬间让我失了心，着了魔。

后来，在删掉你之前，我又回去收藏夹里反复听了好几遍你给我发过的语音。听完，舍不得删。但是最后，还是删掉了。

它们再好听都没用，因为你不在了。

03

有一次，和你聊天。

聊到异地恋这个话题，你说："丫头，如果可以，最好不要谈异地恋。"

我问为什么，你说这是你过来人的经验。那个时候我才知道，那是你分手后的第一个月。

你当晚坐了很久的火车去找她，想和她复合。但她却挽了别人的手，和你从此陌路，相忘于江湖。

"我带了当初送给她的那本书去找她。结果在回来的时候，书掉在车上了。那是我送给她的第一份礼物。"

"可能就像我们的结局一样吧。还没走到一半，就分道扬镳了。"六十秒的语音里，我听出了你的哭声。

我像一个很有礼貌的倾听者一样，默默听你谈起那些你和她的过往。

你们是大学同学，但分散在两地。你经常去看她。每次去，都会带上她最爱的零食或者书。你们还去了很多地方旅游。大学四年，你们走了几乎大半个中国。

"我们还在那座桥上留下了同心锁，只是我这次再去的时候，锁已经不在了。"你感慨。

"你们怎么分开的呢？"我不应该揭你的伤疤的，但还是忍不住问了。

"因为距离吧，相隔得太远了。"你无奈，摇头。

因为相离太远，因为异地。所以你才劝我说如果可以，最好不要谈异地恋。

欢喜忧愁无从分享，一个拥抱就能解决的问题，却彼此隔在屏幕两端无能为力。曾经无比亲近的两颗心，越走越远，越走越偏。

"不爱的人，迟早会散的。"这是后来在你写的文里看到的一句话。

再后来，我又用这句话安慰了好多为情所困的姑娘，也包括我自己。

04

我不止一次和你说你的声音好听。

你开玩笑："难不成你是因为我的声音才喜欢我的？哈哈哈。"

无意间知道你在喜马拉雅读文章，当时我也屁颠屁颠跑去下载了这个软件。我没有用微信绑定，怕你知道。

在你每期发布的声音里，我都有留言。我以一个窥探者的身份，偷窥着与你有关的一切。

在删你之前，我把在"喜马拉雅FM"上收藏的语录循环听了几遍后卸载了这个软件。

那个我曾经特别喜欢的软件，我至今都没再下载回来。已经270天了，每每想起，心里说不出的难受。

在你失恋的那几个月里，我以朋友的身份，默默陪着你。而你，也以朋友的名义，把我拒之门外。

你不再找我聊天，也不再给我发语音。我每天给你发的早晚安，你一句都没回复过。

朋友圈里，你又去了以前你和她去过的地方。你一个人站在灯火阑珊的大街上，眼前的万家灯火都无法治愈你的孤单。

可是那又如何，不爱的人，迟早会散的。落寞的背影，昏黄的街灯，这是你配上的文字。

是啊，若是相爱，再远都会抵达，就像曾经的你和她。若是不爱，近在咫尺也恍若天涯，就像现在的我和你。

05

发现我把你删掉之后，你在微博给我发消息：傻姑娘，谢谢你。

我回：为什么说谢谢呢？不用谢我。主动的人是我，孤注一掷的人是我，最后出局的人，自然也是我。

你没有做错什么，错的人是我。如果当初没有加你好友，没有听到你的声音，没有鬼迷心窍。那么，后来的一切都不会发生。

06

你很少写文了，留在首页的还是几个月前的那几篇。

你之前和我说她是因为喜欢你的文字，你们才慢慢走到一起的。

其实我很羡慕她。羡慕她伴你走过了很美好的四年大学生活。羡慕她可以牵着你的手，和你并肩走了那么多地方。羡慕她参与了你人生的旅程。

而我，从始至终，都无法走进你的世界。

听朋友说你遇到了另一个她。你们一起合开了公众号。她写文，你读文。

其实啊，我去看过你们的公众号。因为忍不住心里的念想，所以去那里看看你，听听你的声音。

你的声音还是那么好听，我一听就能听出来。她的文写得很美，字里行间都流露出满满的幸福与甜蜜。

再次听到你的声音，我依然忘不了第一次的那种心跳加速的感觉。还有你每次喊我傻姑娘或傻丫头，问我傻不傻时的雀跃。

这些，你应该都忘了吧？没关系，我记得就好。

07

自从和你失去联系后，我已经很久没熬夜了。偶尔需要熬夜时，也不会超过年夜十二点。"以后尽量不要熬夜，对身体不好。"你当初跟我说过的话，我依然深记着。

我每晚都早早地就睡觉了。为此，她们没少笑话我，说我这么快就过上了老年人的生活。

对于她们的玩笑，我笑而不语。我怎会告诉她们，因为你曾和我说过要早睡，熬夜对身体不好。

喜欢你，从来都只是我一个人的事而已，与旁人无关，与你，也无关。

　　所以在你拒绝我的时候，我才会傻傻地为自己辩解："没事啊，反正我也只是喜欢你而已，又不是爱上了你，此生非君不嫁。"

　　对啊，我只是喜欢你罢了，又不是非君不可。

　　你知道吗？我有时候挺后悔自己走上写字这条路的。但更多的时候，我特别庆幸自己是写字的，对文字有着深深的痴恋。

　　如果不写字，我就不会遇到你，也不会遇到她们。可是我却忘了跟自己讲，千万不要因为一个人的文字，而喜欢上这个人。

　　显然，遇见你，我犯规越界了。

　　之前看过一篇文，说最好不要因为一个男生的字，喜欢上这个男生。很多人在文下留言支持作者的观点。我也是同意的，但我却像漏网之鱼那样，因着大海里的自由，挣破了渔夫的渔网。

　　挣扎着从渔网里逃出去，却在大海中迷失了自己，找不到来时的方向。

　　你离开后，我又陆续遇见了很多人。

　　她们很有趣，填补了我不少无处安放的思念。但渐渐地，她们都一个接一个离开了。有的是我自己弄丢的，有的是自己走的。

　　遇见了好多人，但依然没有人在深夜失眠、一夜无眠的时候陪过我。我也没有找她们，不想给她们添麻烦。

　　睡不着的时候，我就听歌。听你给我分享的歌。听了一遍又一遍，反反复复地单曲循环。听完歌，我就写字。把所有的情绪都隐藏在文字里。

　　没有你的这两百多天，生活过得很平淡，我也早就习以为常。只是每当夜深人静时，心里总有个声音在忏悔：如果当初忍住，只和你做朋友，那就好了。

08

现在是凌晨 4 点，再有一两个小时左右天就要亮了。

无论此时此刻，你身处何方，身边有着谁，都请允许我，再想你一次，就这最后一次。

天亮之前，再想你最后一次。

二　别告诉她，我还想她

唯愿在没有我的日子里，她也能如向日葵般迎着朝阳倔强生长。希望她每天早上都能赶上第一趟早班车，然后每晚下班后都不会错过最后一趟末班车。

01

挂掉木子的电话，已是深夜一点。

离天亮还有几个小时，时间尚早。今天是周末，不需要去公司。我索性掀开被子下床，走出卧室。

摸黑走到厨房，打开冰箱一看才发现里面早已空荡荡，除了昨晚吃剩下的一碗饭，什么都没有了。转身回房间，打算拿上钱包下楼去买几瓶啤酒，却忽然意识到这个时间点，楼下超市已经关门了。

没有啤酒，那就抽根烟吧。拿起床头柜上的烟盒，推开落地窗，跨出阳台。点上一根烟，眺望着对面的江面。

昏黄的路灯下，这座城市安静得像熟睡的小孩。不哭不闹，乖巧得惹人怜爱。江面上倒映着路边的树影和灯影，一切都显得那么温馨、安详。

而此时的我，内心却荒凉无比。似有万千藤蔓疯长，遮掩了阳光的渗入，徒留一片黑暗。

空洞，漆黑，又荒芜。

02

初识木子，是在大学。

彼时，我是被学校安排去迎新的大二学长。她是刚踏进象牙塔，初来乍到的小学妹。

我们见面时的场景很搞笑。学校大门门口，我举着迎新牌子站在大树下，她拖着一个比本人还大的行李箱，肩上还背着一个黑色小包。

当时是九月份，"秋老虎"的威气甚是逼人。她满头大汗，一手用纸巾擦着额头上的汗珠，一手拖着行李箱走到我眼前。

"那个，我想问一下××系302报告厅怎么走？"把箱子立在脚边，她用右手遮挡太阳光线，左手则从背后的黑色小包里拿出一张学校的示意图向我问路。

看到她低头的那瞬间，滴滴汗珠顺着她细白的皮肤滑下。下意识地，我便拉过她的箱子，跟她说："我正好要去那里，跟我走吧。"

其实我并不顺路，也没有要去那里。我还要再等到一批新生，然后再带他们去报告厅报到。但太阳太毒了，晒得人昏昏欲睡，口又渴。关键是我心里不想让眼前这个细皮嫩肉的小学妹遭日光的荼毒。

"哎，你是学长吗？这样走掉没问题吗？"走到食堂附近，一路上都没和我开口说话的人却突然问我。

"没事的，还有那么多人在呢。"我让她停下来等我一会儿，然后自己跑去食堂买水。

她接过水，和我道谢。她表现得落落大方，丝毫不扭捏。这样的女生，我打心底里欣赏。

带她到报告厅后，我便离去。她再次跟我道谢，笑着说："不好意思，麻烦你了。"

她拖着箱子低头走进会议室的背影，在往后很长一段时间里都会在我脑海浮现。弓着背，低着头，脚步轻轻地，小心翼翼地。活脱脱一只可爱的小松鼠。

后来，我们在一起之后，我问她："为什么我第一次表白，你就答应了呢？"

她眯着眼，回答我："我相信自己的直觉。"

若不是知道我是她的第一任男朋友，她这样说，我定会觉得她的感情经历很丰富。但事实上，并非如此。

直到我们分开很久之后，回忆起第一次向她告白时的场景，我总会不自觉想起林俊杰唱过的一首歌。

这首歌叫《醉赤壁》。里边有一句歌词是这样的：确认过眼神，我遇上对的人。

02

说起告白，那是在认识木子的第二年。

那时候，我们已经走得很近了。我们都知道彼此对对方的心思，只是大家都难得的有默契，谁都不去捅破那层窗户纸。

那时候，我在大四，她在大三。

我们不在同一栋教学楼上课，但这并不妨碍早上没课的时间里，我们会一起在自习室里学习。

我有赖床的坏习惯。早上都是她先去自习室占位置。稍后我再拎着早餐去找她。我从大三到大四，她从大二到大三，这个习惯我们俩坚持了一整年。

风雨无阻，只要早上没课，我们俩就会到自习室去学习。想来那一年过得真是充实。大四第一学期的时候，我还拿了奖学金，且是一等奖。木子也一样，也是一等奖。

书上说最好的爱情，不是互相嫌弃，而是发现彼此的缺点，然后一起克服，一同进步。

和木子分开后，我见过身边各种分分合合的情侣。他们在一起的时候，我没有羡慕过。他们分开后，我亦无幸灾乐祸。

因为爱情最好的样子，我也曾拥有过。同样的，爱情离去时，那种撕心裂肺的感受，我也经历过。

我对木子的告白是谋划已久，但却在一个很特别的时候行动的。

那天我正发着烧躺在寝室里。迷迷糊糊间，木子拎着一个保温壶推门进来。室友都去上课了，那些不该让女孩子见到的东西，在木子给我打电话说她要来看我之前，我已经忍着难受从床上爬起来收拾好了。

"怎么样？有没有好些？"她把保温壶放在书桌上，然后坐到我床上，伸手摸我额头。

软乎乎的手掌贴在额头上，像极了小时候生病时妈妈怜爱的抚慰。

"我给你煲了汤，趁热喝。"她抽回手，起身去给我倒汤。

木子是北方人。为了给我煲汤，她没少下工夫。在寝室起火熬汤，不仅要防着宿管阿姨，还得担着被室友调侃的风险。

"我们在一起吧。"喝下木子递过来的汤，放下碗，我拉着她的手，跟她说。

其实我很紧张。本来身体里就像藏着火堆一样热得要爆炸了，在开口后，脸上也几乎要烧起来了。

"好。我愿意。"把白皙的双手覆在我手心，木子点头答应。

没有鲜花，没有香槟，没有灯光，连欢呼声和起哄声都没有。只有一声恳求，木子便成了我女朋友。

"不后悔吗？"我问。

"现在后悔也来不及了。"她答。

时至今日，对这段感情，我最大的遗憾便是没能给木子一个像样的告白仪式。一个终生难忘的、刻骨铭心的告白。

然而，我欠她的又何止这个。

03

毕业后，我去了北京。木子则留在山东。

毕业后的第一年，是我最忙碌的一年。在那个大多数人都向往的皇城根儿下，每天朝九晚五，为了工作和生计奔波。

最困难的时候，我用兜里仅剩的五块钱买了一桶泡面，蹲在天桥下边吃边抹眼泪。当然，这些木子都不知道。

我在北京工作的第二年，木子也毕业了。她放弃了考研，提前跨出象牙塔，走进社会。

她没有来北京，依然在山东。

在那之后的两三年里，我们总共就见过十五次面。抽屉里的飞机票或火车票票根，清晰又残忍地冷眼旁观着我们这场相距四百多公里的异地恋。

那时候，我们都忙着自己的工作。不再像以前在学校那样去自习室霸位学习，也不再互相分享彼此见到或遇到的那些人与事。甚至连说好的一周一次的视频聊天都在慢慢减少次数。

她在工作上或生活中遇到难题时，我无法及时出现在她身边。我在工作上取得成功时，她正忙着图纸和文案的设计，无暇和我一起欢呼庆祝。

每晚下班后一个人走在路上，看着身前身后手牵手、肩并肩的情侣，心里都说不出的羡慕与压抑。

我想，远在几百公里之外的木子应该也会像我这样。欢喜忧愁无从分享，喜怒哀乐无从诉说。

于是，渐行渐远。于是，殊途陌路，分道扬镳。

04

分手是木子提出来的。

那晚我们视频快结束时，她停顿了一阵，说："我们就这样吧。"

她说我累了，我想你也累了。她说为了不耽误彼此，为了不再这样互相拖着，我们就这样吧。

说完，她先关掉了视频。看着屏幕上漆黑的一片，我心里竟没有多少愤怒或难过。也许我自己在潜意识里也是这样想的吧。

分开后，我们依然还有联系。但联系的时间不多，有时候是一个月一次微信聊天，有时候是几个月才一次问候。

她没有拉黑我，我也没有删掉她。只是我们各自发的朋友圈，双方都减少了点赞的次数。甚至渐渐地，她更新动态的次数都比从前少了。几个月下来，相册里只有寥寥几条关于工作宣传的消息。

有一次无意间在夜里刷到她更新的动态：离开你之后才发现世事险阻，好在我已经足够强大。

时间是午夜十二点三十分。

以前在学校，这个点儿，我早已把她哄入睡了。但现在，她仍然在为工作的事殚精竭虑。

右手在点赞与评论之间徘徊不定，最终还是收回手，退出微信，当作什么都没看见。

有人说最大的悲哀莫过于在最无能为力的年纪，遇到了想照顾一生的那个人。

其实不尽然。在你有能力的时候，那个想要呵护一生的人却离你而去，这又何尝不令人唏嘘不已。

不管是错过还是过错，我们都没错。我们都很好，只是彼此不适合罢了。

05

不知不觉已在阳台站了几个小时。

天要亮了，在离我几百公里之外的城市，曾与我真心相爱过的姑娘，应该要起床去赶早班车到公司上班了。

　　唯愿在没有我的日子里，她也能如向日葵般迎着朝阳倔强生长。希望她每天早上都能赶上第一趟早班车，然后每晚下班后都不会错过最后一趟末班车。

　　希望不久的将来，她能遇到一个比我更好、可以常伴她左右的人。

　　托清风明月寄去我的祝福与挂念。只是别告诉她，我还想她。

三　对你最深的爱，是手放开

　　当爱逝去，我唯一能做的，就只有把手放开，放你自由，放我远行。

01

　　我无数次幻想过与你重逢时的场景：机场、站台、街边，甚至是婚礼现场。我也想象过无数次见到你时，自己的心情：尴尬、失落、伤心难过，甚至是当着你的面大哭。

　　然而，当真正再次看到你，我所幻想过的这一切，都没有发生。

02

　　超市里，你推着购物车，把她圈在你面前。我站在你们视线的前方，离开也不是，假装不存在也不是，进退维谷。

我看到你也顿了一下，放在推车上的手掉下去了。是我视力模糊了，没看清？还是距离太远，我产生错觉了？你怎么可能也会紧张呢？

"嗯？亲爱的，怎么不走了？"我看到她扭头问你。

你没有作声，抬手捏捏她肩膀，然后转身在离你最近的架子上取下一盒酸奶。"呐，这不是你最爱喝的吗？"把酸奶放进推车，你们相视一笑。

她踮起脚尖在你耳边说着什么，一脸幸福洋溢的表情。手里捏着同样的一盒酸奶，我用另一只手掐自己的脸：把酸奶放下，淡定地走过去，去柜台结账。

我真的做到了。酸奶放回原来的地方，但架子太高了，我只好踮起脚，伸长手，才能够得着。以前我都不需要这样的，因为总是你帮我拿下来，放进推车里。但现在，我只能靠自己了。

不知道看到我这样，你会做何感想？是否会想起不久之前，同样的超市，同样的酸奶，但被你圈在怀里的人，是我而不是现在的她。

路过你们身边，我听见她问你："亲爱的，你们认识啊？"她仰头看向我，问你。

你会怎么回答？认识？她是我前女友。还是不认识？我没见过她。

"走吧，看人家干吗？你不是还要买薯片吗？"你避开她的问题，拉着她，推着车，从我身旁走过。

早就应该想到会是这样的结局：你我如若有缘再相遇，就当彼此是陌生人。不打招呼，不问近况。

经过你身边时，你身上独有的薄荷香味飘到我鼻尖。这个我曾经无比依赖和熟悉的香味儿，一时间敲醒了我：走吧，抬脚往前走吧，不要停留，不要回头。

结完账，走出超市，数着购物袋里的东西，发现少了一样。是漏了什么没买呢？回到家才发现，不是忘了买，是我自己把它放回去了。

那一盒你从架子上拿走的同种口味的红枣酸奶。

如果，当时我主动上前跟你打招呼，你还会不会假装不认识我？还会不会和我寒暄，问起彼此的生活？

会吗？应该不会吧。毕竟在新欢与旧爱面前，你牵得不是我的手，在你怀里的人，也不是我。

真可惜，相爱一场，结局竟是这般令人唏嘘不已。也未曾想，你我还能再相见。

若再见你，事隔经年，我将如何致意？眼泪是没有了，那就只剩下沉默了。

03

犹记得我们刚确立关系那会儿，你请我室友吃饭。

加上我，四个女生。你也带了自己的朋友过来。餐厅是你订的，吃饭时的菜是室友她们选的。

她们从我这得知你不吃辣的，却故意点了麻辣锅底。看着她们一个个大快朵颐，你也跟着下筷子。

我拉你衣角，用眼色示意你不要吃。你反手握住我，回以温柔的眼神，告诉我不用担心。

一顿饭下来，她们吃得很尽兴，你却还忍着不舒服跟我们去影院。六个人，六张票，六杯可乐，外加两桶爆米花。我不忍心让你一个人掏腰包，趁你盯着屏幕的时候偷偷把钱塞在你的风衣口袋里。

那部电影，我印象特别深：《那些年，我们一起追的女孩》。调皮捣蛋的柯景腾，学霸型的乖乖女沈佳宜。

电影的最后，沈佳宜笑着说："柯景腾，谢谢你喜欢我。"柯景腾回答她说："我也很喜欢那时候喜欢你的我。"

看到这里，我望向坐在自己左手边的你。你也仿佛听到我的召唤一样，扭过头来看我。"也谢谢你，喜欢着我。"你俯身在我耳畔呢喃。

我握紧你的手，用口型把柯景腾说过的那句台词念给你听："我也很喜欢现在喜欢着你的我。"

我们对视一笑，像极了电影里他们不经意间看到彼此时嘴角微微上扬的美好。

电影里还说，青春是一场大雨。即使感冒了，还盼望回头再淋它一次。

后来，直到我们分开很久之后，我又一个人去影院看了这部电影。那时候，我才算是真正意义上理解和读懂了这句台词的含义。

只是好可惜，曾经慌乱过我美好青春年华的你，彼时早已不在我身旁了。

我一切安好，倘若你在场。

04

你死撑着和我们一起吃完麻辣火锅的后果是全身过敏，请了两天的病假。

我去你家看你，却没想到阿姨和叔叔都在。记得前一天我问过你，你说他们有事出去了，周末不在家。

意识到你说谎时，阿姨已经开了门和我打招呼。她把我拉进客厅，忙前忙后为我倒茶，削水果。她对我的好，让我误以为过敏生病的人是我，不是你。

坐在你家里，环视着你从小长大的地方，心里有种莫名的兴奋与激动。阿姨还一个劲儿在和我聊起你小时候发生过的那些糗事。

比如，你第一次骑自行车，死活不让叔叔松手。他一松手，你就哇哇大哭；比如，你第一次因为骑车把自己摔了，膝盖上缝了好几针；比如，你第一次在学校拿到奖状，他们奖励你比平时多一倍的零花钱……

不知不觉中，好多你童年的事情，我都从阿姨那知道了个大概。你的过去，我来不及参与。但你的未来，我不会缺席。

在我们聊天的间隙里，叔叔已经烧好了菜。满满当当一大桌子的菜，香味儿扑鼻，看得我垂涎欲滴。

他们的热情，让我一度忘记了自己来你家的目的。"不急不急，他刚吃完药躺下。我们先吃饭，吃完再去看他。"阿姨把我拉到饭桌前，叔叔往我面前的碗里盛汤。

那顿饭，我吃得很撑，肚子都要鼓起来了。叔叔阿姨却还不停地给我夹菜，"你太瘦了，要多吃点儿。"每次去你家，阿姨都这样说。

哪怕后来我们分开了，可每当看到自己的爸爸妈妈，和他们一起吃饭，我眼前便会浮现叔叔阿姨的模样。想起他们对我的好，对我的疼惜。

真希望你现在喜欢的那个她，也能像我一样得到他们的照顾和疼爱。那样的话，我对他们的歉意就会减少些许。

但好像这些都不是我应该关心的，因为我已经没有资格，没有身份，也没有立场了。

05

我们吃饭的时候，你从房间走出来。

一身灰色的休闲长袖长裤，蓬松的头发，脚踩着棉拖，这样的你，比以往任何时候都更亲切。用现在的话来说是，更居家。

拉开椅子在我边上坐下，你托着腮看我吃饭。当着叔叔阿姨的面，我羞得红透了脸，连耳根子都像要被煮熟了似的。

吃完饭，阿姨让你穿上衣服，带我出门消食。小区门口的公园里，你牵着我，走在一排排的银杏小道上。

当下已是晚秋，黄得发亮的银杏叶铺满整条人行道，染了一地的黄。

"等冬天到了，我们再来这边一次，好不好？"我想和你一起来看雪，想在雪地里和你一路走到白头。

后来，我一个人度过了好多个下雪的寒冬，却触摸不到身旁的你。

长街吻过千堆雪，你我却未曾拥抱在这漫长的夜。

"不用等冬天，随时可以来。"你揶揄我，还笑得很开心。"就像现在这样，嗯？"

回去的时候，我捡了一片银杏叶。我把它当作书签，夹在你送给我的书里。后来，因为搬家，书被我弄丢了，连着一起走失的，还有那片叶子和你。

"我把你往我口袋里塞钱的事告诉我妈了。她说你是个好女孩，让我好好待你。我决定听她的话，像对待她未来儿媳妇一样对你。"

快到你家门口时，你在我右脸颊落下轻轻一吻，把我圈在你怀里。鼻尖都是你身上慵懒的气息，还有淡淡的药膏味。

"原来你知道了啊。"我有些不好意思了，因为你说的那番话。

"你的一举一动何时能逃过我的眼。"你看着我，笑得很坏。

午后的暖阳，你脸上痞痞的坏笑，还有你身上的味道，都曾久久萦绕在我梦境里，挥之不去。

可是眼睛一睁开，身边却没有你的身影。

06

一路从超市跑回家，购物袋什么时候破了个洞都没发觉。好在洞不大，里面的东西没掉出去。

打开手机，把你从黑名单里移除出来。点进朋友圈，里面除了一条横线，我什么也没看到。想着要给你说一声祝福，发出去的消息却显示：对方已不是您的好友。

没有再给你发好友申请，平静地接受了这个事实。再看一眼自己的动态：后来，多少黑名单也曾互道晚安。

时间是 2015 年 12 月 27 号，我们分手后的第一天。距离现在，整整两年。

删掉你之后，我更新了朋友圈：多少后来，都是回不去的曾经。

这句话，送给曾经深爱过的我们，送给现在和别人举案齐眉的你，也送给现在依然放不下的我自己。

07

睡觉前，我又看了一遍《那些年，我们一起追的女孩》。

这是第三次，也是最后一次了。第一次是我们刚确立关系那时候，最后一次是我们分开后的第二年，也就是现在。

电影里还有一句台词，说：如果你真的非常喜欢过一个人，就会知道，要真心祝福她跟别人永远幸福快乐，根本是不可能的事。

所以在超市里看到你和她，我之前准备好的祝福都淹没在肚子里，烟消云散了。我不祝福你，但还是希望你可以过得好。

至少要比和我在一起的那几年好。

我唯一能做的，就只有把手放开，放你自由，放我远行。

松开手，是我对你做过的最好的、也是最爱你的一件事。

往后没有你的日子，我也会一如既往的坚强。

四　时光、白马和追不上的他

事隔经年，他不再是那个意气风发的白衣少年。而我，也不再是那个为了一个人可以坚持拼命到感动自己的青春少女了。

01

梅子经常调侃我，说我是一个没有青春的人。

除了学习就是学习，除了听话还是听话。没有离家出走的叛逆；没有一场轰轰烈烈、郎情妾意、最后却分道扬镳、形同陌路的爱恋；没有青春期里那些该有的小懵懂、小天真。

总之，你就像是一个没有青春的人。

你的青春，循规蹈矩、千篇一律、平淡无奇。

这些话，梅子时常对我说。

是啊，我就是这么一个平凡又普通的人。在本该青春洋溢的年纪里，选择了默默无闻。

言言，一路走来，你都没遇到过什么坎坷。唯独高考，是一个意外。

这句话，梅子也常说。

所有人，都会这样说。

言言，高考，于你而言，是一场意外。

其实不是这样的。他们说错了。

高考于我而言，意义非凡。它不是一场意外。意外的是，在为期四年的高中生活里，遇到的那个人。

遇到的那个人，才是我这前半生的青春期中，唯一的意外。

02

"顾西时，如果我复读，你会等我吗？"

"会的，我会在大学等你。等你来我的大学，等你来陪我一起去看遍学校的每一处风景，走遍学校的每个角落。"

"那你在大学乖乖等我，好吗？"

只要一年，我就能去到你的身旁，挽着你的手，和你一起在大学的操场上散步；和你一起去图书馆看喜欢的书；和你一起参加那些社团……

"再等我一年，好吗？"

"嗯，好。我等你。"

"我等你"这三个字，是我知道自己高考失败后，听到的最好的安慰。

这三个字，胜过那些苍白无力的宽慰，胜过一切。

这三个字，支撑着我走过了复读生活中一个又一个难熬的夜晚。这三个字，在无形中给了我力量与希望。仿佛只要我努力，我就能向自己喜欢的人靠拢。只要我再坚持一下，我就可以站在他身边，与他并肩。

"顾西时，你说好要等我的。那你在大学里，先不要靠近别的女生，也不要让她们靠近你。好吗？"

你那么优秀，那么耀眼，我怕她们会把你抢走。我更怕，你会忘了我。

"你脑袋里，整天在想些什么呢？"他弹了一下我的脑门儿，然后无奈地笑了。

"放心吧，不会的。答应过你的事情，我不会忘记的。"

在我们一起走了无数遍的校道上，顾西时牵着我的手，对我说了很长很长的话。

"言言，你安心复读。以你的成绩，只要再坚持一下，明年的这个时候，一定会成功的。我相信你。我会在大学等你。"

"如果我坚持不下去了，想放弃了，怎么办？"我把他的手，覆在我的掌心上。

他的手很白，很长。

这双手，帮我算过数学题；帮我在寒冷的冬夜里打过热水；帮我带过早餐；也曾在我伤心难过时，抚摸过我的头，为我拭去眼角的泪。

我多想，这双温暖的手能永远牵着我，陪我走完余生。

"坚持不下去的时候就再坚持一下下，一下下就好了。"

"我会等你的，言言。"

在学校操场拐角处的小路上，那个我深深喜欢着的人，那个全身散发着光芒的人，拉着我来回走了一遍又一遍。

那天晚上，天空中繁星满布。但它们所汇聚起来的光，都比不上站在我面前的人眼睛里散发出的光芒来得更闪亮、迷人。

海底月是天上月，眼前人是心上人。

看着眼前这个眼神满是温柔的人，我第一次体会到了这句话的美妙。

直到很久很久之后，那天晚上的天空，那天晚上的顾西时，那天晚上顾西时对我说过的话，给过的承诺，与那天晚上有关的一切，在很久之后的后来，我都深深记着。

从不曾忘记过。

03

为期一年的复读时间里，我像所有要参加高考的学生一样。

每天两点一线的生活，每天都有做不完的试题，背不完的知识点。

每天都很忙，但我却觉得很充实，很开心。因为我喜欢的人，他在我向往的大学等着我。

我喜欢的人那么优秀，我不能自暴自弃。为了能勇敢地站在他身边，拥抱他，再苦再累，我都心甘情愿。

复读的一年里，学校的公共电话亭，是每周末晚上，我和顾西时联系的唯一方式。

每个周日的晚上七点，他都会给我打电话。他会和我说自己在大学里的一些趣事，讲他选了什么课，参加了哪些社团。

讲完之后，他会问我复习的如何，有不懂的地方可以告诉他，他会帮我解决。

短短一个小时的通话时间，我自然不会和他讲那些不会的题目。能听到他的声音，听听他说自己的一些事情，已然是最幸福不过的事情了。

"顾西时，你会不会瞒着我，偷偷喜欢别人？"每次要挂电话之前，我都会这样问他。

我不是不放心他，我是对自己没信心。

我喜欢的人，光芒万丈。而我，不过是茫茫人海中极其普通的平凡人而已。

"傻丫头，你整天在想什么呢？我说过不会就不会的。你要好好复习，照顾好自己。"

"我等你来，言言。"他一直在电话那头重复着这句话："言言，我等你来。"

"好，我会努力的，顾西时。"我一定会努力的，因为你在等我。

一年的时间，转瞬即逝。

当我再次独自一人走进考场，已经没有了一年前的那种紧张与压抑。

在答题的时候，我的手没有抖，手心也没有出汗。直到 6 月 8 号下午考完最后一科，我都表现得很平静，很淡定。

但左脚跨出考场的那一瞬间，我却酸了鼻子，红了眼眶。

看着身边来来往往的人群，看着那些在互诉离别的人。我默默走出了考场一段距离，然后靠在墙上，放任自己大声哭泣着。

一年前，考完的时候我没有哭；知道自己失败的时候，我没有哭；送顾西时去火车站，看着火车启动，从我眼前一点点消失在铁轨的尽头的时候，我也没有哭。

但这一次，我落泪了。

我是参加过两次高考的人。第一次，紧张到答题卡涂错答案。第二次，却意外的平静。但平静过后，心中却像少了什么东西一样，有种说不出的失落与难受。

或许是因为，这是最后一次了吧。无论成功与否，我都不想再来一次了。

若不是顾西时，恐怕连这最后一次，我都无法撑得下去。

04

在等消息的那两个月里，顾西时带我去他所在的大学逛了一圈。

一年没见，他变了很多，肤色变黑了一些，身高又高了一点；但似乎又没什么变化，说话的声音，依旧好听，眼神，依然温柔，身上穿的，还是我最爱的白衬衫。

他没有问我考得如何，只是带我去了学校的很多地方：图书馆、生活区、教学楼，还有学校附近的影院和一些小商店。

我在学校附近的旅店住了三天。离开的那天晚上，顾西时带我去见了一个人。

如果那天晚上我没有和他一起去见他口中那个所谓的"重要的人"，如果那个"重要的人"不是一个女生，如果那个女生没有多了那层身份。或许，离开的那天，我就不会拒绝顾西时的陪送。或许，我还会瞒着所有人，喜欢他很久很久。

"言言，这是小初，我女朋友。"

"小初，这是言言，我常和你提起的，最好的朋友。"

学校街边的小吃店里，顾西时拉过那个女生的手，先看看她，再看看我。他看她的眼神，是我从来没见过的温柔与宠溺。

原来，我喜欢的人，真的可以如此温柔。只是，他的温柔，从不曾属于我。

哪怕一分一秒，都不曾有过。

"那个，顾西时，我突然想起来我在家还有些事要忙，要不我现在就订票回去吧。"

如此拙劣的借口，我却说的通畅自如。而他，那个站在我眼前，却对着别人微笑的顾西时，却听不出来我在说谎。

"那我送你去车站？"他转过身去和她解释，徒留我一人愣在原地。

走也不是，留也不是。

"不用了，我自己可以的。你好好陪小初吧。很高兴认识你，我叫陈慕言。"我微笑面对她。

"你好，和阿时一样喊我小初便好。很高兴认识你，经常听阿时提起你。你很勇敢哦，小姑娘。"她看了顾西时一眼，眼睛里的爱意，捂都捂不住。

原来啊，喜欢一个人，就算捂住了嘴巴，还是会从眼睛里跑出来的。

05

当天晚上，九点多的时候，我坐了最后一趟火车回家。

顾西时没有去送我。

他原本想送的，但我拒绝了。

火车启程的时候，我给他发了一条很长很长的信息：

顾西时，原来是我会错意了。原来，在你看来，我们只是普通的好朋友而已。可是你曾经说过的那些话，又算什么呢？不是说好要等我的吗？怎么才一年的时间，所有的承诺，都烟消云散了呢？

怎么我们之间所有的一切，都没有了呢？就好像，我们从来就不曾相遇过，也不曾彼此倾心过一样。

曾经，你给过的快乐，现在都陪着我伤心难过。

顾西时，你知道吗？

我害怕的不是在复读的日子里，那些压力大到整宿失眠的夜晚。我也不怕前路荆棘载道，望不到尽头。

我怕的是，曾经说过要等我的人，却在下一秒转身的时间里，便弃我而去，拥抱了别人。

我怕的是，自己藏在心尖上，喜欢了那么久的人，说出那一句"我们只是朋友"。

顾西时，我真的很喜欢很喜欢过你。但所有的喜欢，都不及你给的伤害让我更绝望。

我是一个很倔强的人。

所以啊，那些真心的喜欢，也只能到这里了。

也只有这么多了。

06

梅子常说我是一个没有青春的人。

其实不是的。

那些在青春期里该发生过的事情，我也曾经拥有过。那些爱而不得的人，我也曾用力爱过。

如今事隔经年，他不再是那个意气风发的白衣少年。而我，也不再是那个为了一个人可以坚持拼命到感动自己的青春少女了。

时光荏苒，流年变迁，我们都长大了。

那些曾经以为会记挂一辈子的人与事，也早已随时间的流逝而渐渐淡忘了。

只是，那些流过血的伤口，却怎么都恢复不到最初的样子了。

时间确实是良药，可却只能治愈皮外伤。伤口虽已结痂，但伤疤却永存。

在每个四下无人的寂静黑夜，我都会把过往的记忆烧成烈酒，和着那些无法忘记的曾经，一饮而尽。

最后残留在嘴角的酒滴，滴滴砸落在伤口上，一深一浅，隐隐作痛。

五　等失望攒够，我自己走

暖一颗心，需要很多年。但凉一颗心，只需要一瞬间。

01

傍晚吃饭的时候，接到父亲的电话。

"是暖暖吗？"他问。

"是。"我按了扩音键，把手机放在餐桌上。

"你妈妈呢？"他又问。

我看了妈妈一眼，她正低头吃饭，面无表情。但她夹菜的动作，出卖了她的紧张。

她最讨厌香菜，以往每次吃饭的时候，她的筷子，碰都不会碰一下有香菜在上面的那盘菜。如果不是我爱吃，估计她去逛菜市场的时候，看都不会看一眼。

但是她刚刚把香菜夹到自己的碗里，还大口大口吃了下去，眼睛都不眨一下。

"她在吃饭。"我也夹了香菜，塞进嘴里嚼着。

"暖暖，你恨爸爸吗？"他又问。

"不恨。"吞下香菜，我回答他。

有什么可恨的？恨你当初不顾家人的劝阻，狠心抛下我们母女俩？还是恨你没有陪伴我长大，没有尽到一个父亲应尽的责任？

说一点儿恨都没有，那肯定是假的。这种拙劣的借口，骗得了别人，骗不了我自己。

但恨又如何？不恨又如何？

即使再恨，你还是会做出那样的选择，你依然会离开我们。

既然如此，那现在还来讨论这些，又有何意义呢？

"暖暖，对不起。"他的声音，有些哽咽。

我停下手中的筷子，抬头看了一眼坐在我正对面的妈妈。

她碗里的香菜，早已消失不见。但她的筷子，却在来回搅着碗里的米饭。

她还是低着头，我看不清她脸上的表情。

但我知道，父亲说的话，她都听见了。一字不落的，全听进去了。

这是他们离婚四年后，他第一次给我打电话。这也是我这二十几年来，第一次听到他和我说"对不起"。

四年前的那天晚上，是我迄今为止的人生中，经历的最痛苦、最不想经历的一次人生体验。

如果时光可以倒流，我希望它能永远停在我们曾经幸福美满的时候。

那天晚上，我捧着大学录取通知书跑回家，想告诉他们我考上自己心仪的学校了。还想听他们像以前一样夸夸我，说我很棒，说我一直都是他们的骄傲。

然而，当我回到家，看到的是坐在客厅的沙发上，一言不发的他们。还有摆在茶几上的那几张写有"离婚协议书"字样的纸张。

"暖暖，你回来了。"妈妈起身走近我。她想拉我的手，但被我逃开了。

我把通知书拿到父亲面前，跟他说："爸爸，你看，我考上了，我考上了。"

他抬手挥开通知书，然后对我妈说："签字吧，我上去收拾东西。"

他从沙发上站起来，转身往楼梯走去。整个过程中，他看都不曾看我一眼。

我是他最爱的暖暖啊！是他曾经小心翼翼抱在怀里，哄着，拍着的暖暖啊！是骑在他脖子上的暖暖啊！

可他为何走的那般决绝？连一句话都吝啬给我？

就好像这十八年来的父女情分，都是假的一样。就好像，他从没爱过我一样。

"暖暖。"妈妈走到我身边，把我搂进她怀里，紧紧抱着我。

她的手在我脑袋上，有一下没一下地轻轻抚摸着我的头发。她的眼泪，如决堤的洪水，全都砸落在我的身上。

那滚烫的泪水，透过衣服，传过皮肤，直击我的心脏。她的哭声，就仿佛一把把锋刃，深深浅浅地扎在我的心头。

疼得我快要喘不过气来。

"暖暖，无论你选谁，妈妈都尊重你的选择。"

前一秒还在号哭的女人，却在下一秒拭去了泪水，问我要选谁。

"我选你。"我擦去她眼角的泪，抱紧她，把身子窝进她怀里。

我选你，因为你是妈妈。

"好。"她拍打着我的背，只说了一个"好"字。

02

十八岁那年，我的世界完全变了样。

原本幸福美满的家庭，却因父亲的不忠，一夜之间成了单亲家庭。我的妈妈，那个温柔善良的好女人，也失去了自己的丈夫，成了单亲妈妈。

而我，以前人人都羡慕的小公主，一夜之间，却成了没有爸爸，只有妈妈的单亲家庭的孩子。

我曾一度以为，从今往后，我的人生就要在这样的不幸中度过了。

直到我遇到了顾言，那个阳光、温暖的男生。

大学四年，是他的陪伴与鼓励，让我重燃了对爱的希望与期待。

有人说爱一个人，如果她涉世未深，就带她去看人世繁华；倘若她经历沧桑，就带她去坐旋转木马。

我承认，我不曾历尽沧桑，只是目睹了父母婚姻的破裂而已。但他们失败的婚姻，从此就扎在了我心里，像心头的一根刺。

即使刺被拔掉了，哪怕伤口也可以愈合，但伤疤仍然还在。

我不是历经沧桑的人，但顾言却是时常带我去坐旋转木马。

每次和他出去吃饭，点的菜都是我爱吃的。哪怕他吃不惯香菜，吃不了辣。

"只要你吃得开心，我也会开心的。"这是在吃饭时，他最常对我说的一句话。

"你为何对我这么好？"

像我这般孤僻、不合群的人，不值得你如此对待。

"因为你值得。"他摸着我的脑袋，揉着我的头发，眼神坚定而认真。

我们从大一就认识了，但直到大三，我才答应和他在一起。

大学的四年里，追求我的男生并不少。我也曾对别人心动过。但一想到父母失败的婚姻，无论是喜欢我的，还是我喜欢的，都被拒之门外。

不敢靠近。

自从上了大学，妈妈总会关心我在学校有没有喜欢的男孩子。

每次提及这个问题，我都会这样回答她："妈妈，我不想在大学谈恋爱。那些男生，太幼稚了，不够成熟。而且我想等毕业后，出去工作了，再谈。"

"好，不管暖暖怎么做，妈妈都支持。只是，暖暖你要知道，妈妈最不想看到的就是因为爸妈的原因，让你失去对爱情的信任。你懂吗？"

知女莫若母。原来我的一举一动，都瞒不过妈妈。

"不会的，您放心吧。"

即使失望了，我一个人，也可以过得很好。

我没有告诉母亲我和顾言的事。不是不想让她知道，而是我自己无法把握，无法确认我和顾言，我们两个能走多远。

　　与其告诉妈妈，让她空欢喜一场，还不如不要告诉她，就当一切从没发生过。

　　就算有一天，我和顾言走不下去了。那伤心难过的，也只会是我一个人。

　　妈妈她就无须再为我掉眼泪了。这一生，为了我，她做得已经够多了。

　　和顾言在一起的那一年，是我在爸妈离婚后，过得最开心的一年。

　　这种开心，自爸爸离开后，已经很久不曾有过了。

　　我曾以为我和顾言，会一直都这样开心、幸福地走下去，走到最后，走到尽头。

　　然而我忘了，不是所有的幸福都能善始善终，不是所有的美好都能永垂不朽的。

　　幸福来得太突然，会让人难以置信。同样的，幸福消失得太突然，也会让人措手不及。

　　都说世上最可怕的事情，莫过于把你推入地狱的人，曾经带你上过天堂。

　　顾言于我，就是这个人。

　　他在把所有的海誓山盟都许诺给我之后，又把我推下了万丈深渊。

　　让我永远存活在深不见底的深渊中，无法自救，无法新生。

03

　　"请删我好友吧。"

　　凌晨两点，在床上翻来覆去之后，我终于还是给顾言发了微信消息。

这是我们分开一年后，我第一次给他发信息。尽管我经常会控制不住自己，忍不住去翻看他的朋友圈。

但分开的这一年里，我从没给他发过信息，也没打过电话。

我的手机，换了几部，联系方式，也换了几回。但他的手机号码，他的微信号，依然躺在我的手机里。

安安静静的，不曾打扰过我，也不曾被我打扰。

"真的不能再回到以前那样了吗？"

信息发出去片刻后，便收到了他的回信。

他还是像以前我们在一起时的那样，每次都会秒回我的信息，无论多晚。

"不能了。"回不去了，再也无法回去了。

"对不起，对不起，对不起。"他连发了三个对不起。

"你不用跟我道歉的，顾言。"

你要知道：不是所有的对不起，都能换来一句没关系的。

当你为了别人，而选择背叛我的时候，就应该知道我们之间已经完了。

一切都结束了。

"暖暖，你爱过我吗？"

"爱过。只是那已经不重要了，都过去了。"

如果不爱，我又何必对你念念不忘？如果不爱，我又何苦这般放不下？

只是再爱，都抵不过你的背叛，不是吗？

"顾言，你知道吗？我曾经真的很希望能和你好好走下去。是你让我重拾了对爱情的希望，但也是你亲手扼杀了我对爱情的期待。"

给我糖的人，是你；给我巴掌的人，也是你。

你知道吗？我一直都很喜欢自己的名字：暖暖。

妈妈说，那是爸爸给我取的。他说希望自己的女儿，能像小太阳一样，永远温暖、永远阳光。

可是，有两次，我无比痛恨这个名字。

第一次是四年前，爸妈离婚的那天晚上。爸爸拖着行李箱，头也不回地离开我们一起生活了十几年的家。

妈妈倒在地板上，痛哭流涕，而我却无法给予她温暖。暖不了她那颗伤痕累累的心。

第二次是一年前，我亲眼看到你亲吻别的女孩。那个女孩在你怀里，笑靥如花。

我捂住自己的嘴巴，不让声音从喉咙里跑出来。我转身跑回家，不敢在原地停留。

只要多待一秒，我都会崩溃的。

暖一颗心，需要很多年。但凉一颗心，只需要一瞬间。

我叫暖暖，但却暖不了自己这颗被你凉透了的心。

"暖暖，这些年，你还好吗？"

"我一切安好。"

回复完最后一条信息，我删掉了顾言的微信、手机号。所有与他有关的一切，都于此刻，全部化为乌有。

把手机放在床头柜上，我掀开被子，下了床，踩着拖鞋走到窗户边。

凌晨的夜里，一片寂静与祥和。唯有窗边的树叶在微风的吹拂下，翩翩起舞。

拉开窗帘，打开窗户，我把思念托于清风明月。让它们帮我捎去对爸爸妈妈的问候。

妈妈，没有爸爸在的这些年，你还好吗？

爸爸，离开我和妈妈的这些年，你还好吗？

看着天上的漫天繁星，我对着天空问：

顾言，没有我的这些年，你还好吗？

关上窗户，对着漆黑的夜，我在心里问自己：

亲爱的暖暖，没有爸爸，又失去顾言。

这些年，你还好吗？

六　可惜不是你，陪我到最后

可惜不是你，陪我到最后，曾一起走却走失那路口。感谢那是你，牵过我的手，还能感受那温柔。

01

午夜十二点，我左手挎着单肩包，右手拉着行李箱，一个人走在从火车站到家的路上。

明天公司放假，我本来想去大连的。车票我都已经订好了，今晚出发的话，明天一大早就能到。

大连呀，是我很喜欢的一座城市。那里，有我一直向往的大海，更有我深爱的人。

可就在十分钟前，他给我发了一条短信。内容只有一句话：我们分手吧。

嗯，这就是我疯狂痴爱了四年的男人。一直以来，能几个字就表达清楚的话，他绝不会多加一个标点符号。

收到他短信的时候，我正准备到站台检票上车。看完信息后，我把车票紧紧攥在手心里，然后拉着箱子，淡然转身走出车站。

走在马路上，路边的梧桐树叶在沙沙作响，秋夜的寒风从脖子钻进皮肤，瞬间凉透全身。

回到家后，我把自己狠狠摔在米白色的大床上。临睡前，我给他回了信。

只有一个字：好。

没有打电话跟他大吵大闹，没有质问他为何会提出分手，更没有狗血的吵架和死皮赖脸的挽留。

他的一句"我们分手吧"，我的一句"好"，斩断了四年间的所有。

简单的两句话，换来一声：从此一别两宽，各自心安。奇怪的是，除了一时的难受，我并没有太多的痛苦与不舍。

不是爱得不深，只是我们都明白：既然无法相濡以沫，那就相忘于江湖，各自珍重。

当初在一起的时候，我们就有了约定：无论将来能走多远，也不管最后因何种原因分开。只要不爱了，或者爱意变淡了，那就好聚好散。

爱过一场，便足矣。

四年前，我们都是在校大学生。他在大四，我在大三。他在大连，我在四川。

我们相识于网络，相恋于网络。那时候，身边所有人都不看好我们。她们都劝我放手，说网络上的恋情都是骗人的，都是虚拟的。

起初，我也觉得他只是开开玩笑而已，并没有当真。直到那一次，我在空间发了一条心情：明天就要过生日了，可是身边却没人陪。

消息是晚上才发的，第二天下午，他就背着书包，站在了我面前。

那会儿我们已经认识快一年了。我知道他是大连人，在大连读书。他也知道我是四川人。我们之间，已经从开始的陌生人发展成了无话不谈的好朋友。

所以，那天下午他出现在我眼前，我并不感到太大的意外。因为在平时，他给我带来的惊喜，已然不少了。

认识一年的时间，我们从 QQ 聊到微信，从微信到视频见面。

每逢节假日，他都会给我发红包。红包的数量也从最初的 5.20 到之后的 520。

我问他："为什么每次都给我发这么有寓意的数字的红包？"

他答："因为我喜欢你呀！"

是的，他每次都这么坦白，直言不讳。

原先，我是不肯领他的红包的。总觉得平白无故的就拿人家这么多钱，心里过意不去，无功不受禄嘛。

然而，他每次都说："听话哈，我们是朋友不是吗？朋友之间发个红包不是正常的吗？再说了，钱又不多，就当作是奖励给你买棒棒糖的啦！快拿着，否则就绝交了哦。"

他每回都会拿"绝交"这俩字来逼我。迫于他的威胁，我只能乖乖收下红包。

他给我的惊喜着实太多了。所以当他打电话跟我说已经快到车站了，让我去接他时。我也就一句："你乖乖在站里等着，我马上就到！"

我生日那天刚好是国庆节。车站里，人潮拥挤。但我还是一眼就认出了他。

只因他身上，穿着我最喜爱的白衬衫。一米八几的他，站在人群里，冲着我傻笑。

嗯，我的白衣少年，真好看，宛若翩翩公子。

02

接到他后，我把他领到我家附近的一家酒店。一路上，他紧紧握着我的手。仿佛一松手，我就会不翼而飞似的。

我问他："你怎么就跑过来了呢？也不提前说一声。"

他答："我想给你个惊喜呀。"

好吧，看在他这么大老远跑来看我的分上，暂时原谅他了。

那天晚上，他陪我去蛋糕店买了蛋糕，还买了好多水果，都是我爱吃的。

那次是我长这么大，头一回过生日。我是个孤儿，从小在福利院长大。

在吹蜡烛前，我许了一个心愿：希望以后的每个生日，都能有他的陪伴。

吹完蜡烛后，他拉着我的手，向我告白了。他说："阿云，给我一个照顾你的机会吧。"

不是"我喜欢你，你愿意做我女朋友吗？"，而是一句再简单不过的"给我一个照顾你的机会吧。"

我是一个无家可归的孤儿。而他，家庭幸福美满，又那么优秀。

我怎能配得上？又何德何能可以得到他的喜欢与照顾？

"阿云，我知道你在担心什么。你要知道，我喜欢的是你这个人。你的家庭，你的过去，这些都是无关紧要的。"

"阿云，行行好，就给我一个机会吧，好不好？"

眼前这个人高马大的大男孩，彼时正像一个张嘴向大人要糖果的小孩子一样，苦苦央求我。

"好。"我答应了他。

他一下子把我抱在怀里，转了好几圈。

吃完蛋糕后，我们上了酒店的天台。在天台上，他拥着我，我们十指相扣，互相依偎在一起，细数眼前的万家灯火。

"阿云，你想不想去看海？"

"当然想。"

能去看大海，听听大海的声音，吹吹海风，是我梦寐以求想做的事情。

"那明天，跟我回大连好不好？"

"明天？"

你才刚来，就要把我拐走吗？

"不想去？"

"想！"

好吧，就算要拐，那也是我自己心甘情愿的。

那天晚上，在酒店里，他睡在沙发上，我睡在床上。

睡觉前，他对我说："阿云，你要快快长大哟。晚安。"

我看着他，咯咯直笑。连睡着的时候，嘴角边都始终挂着笑意。

那一年，我 20 岁，他 22 岁。那一天，我生日。他千里迢迢从大连赶到四川为我庆生。

那天晚上，他跟我表白，说给他一个照顾我的机会。

犹豫过后，我答应了他。

第二天早上，我们收拾好东西，坐上从四川到大连的火车。

来的时候，是他一个人。回去的时候，多了一个我。

到了大连后，他把我带回他家。叔叔阿姨都在，他们对我很友好，友好中带着些许疏离和客气。

见过他们后，他带我去了海边。那是我第一次见到大海。记得以前的小学课本里曾说过：山的那边，就是大海。

我从小在山里长大，大海的模样只在梦里出现过。

没想到，现在真的看到了真正的大海。原来，大海真的好美。海水是深蓝色的，海边的沙滩上还有很多漂亮的贝壳。

我们在沙滩上捡了很多贝壳，后来回家的时候我还带了一些回去。现在，它们还挂在我的窗前，代替他陪伴着我。

我们在海边玩到了下午，捡了贝壳，看了夕阳和退潮。

夕阳的余晖洒满海面，我们依偎在沙滩上，赏夕阳，观海景。

03

我在大连待了三天。

三天的时间，他陪我去了很多地方：他上过课的学校、他玩过旋转木马的游乐园，还有阿姨带他吃过肯德基的店。

他说："我现在先带你来看一遍，等以后我们有了孩子，再来一次。"

真是不要脸，谁要和你生孩子?!

他还带我去坐了摩天轮。在摩天轮上升到顶点的时候，他冲我大声喊："阿云，我喜欢你!"

吓得我赶紧捂住他的嘴。他把我拥进怀里，哈哈大笑。

三天后，他送我去车站。我来的时候，只带了几件换洗的衣服。回去的时候，却被塞了一大袋吃的东西。

上车前，他跟我说："你一定一定要照顾好自己。要好好吃饭，我下次再去看你。"

"嗯，放心吧。我会好好听话的。"

回去后，我们一直靠手机联系着。想他的时候，就给他打电话；晚上失眠睡不着的时候，就让他唱歌给我听。

我一直觉得自己是个很任性的人。但每次无论我提什么样的要求，也不管他多忙，他都会耐心哄我。

直到后来我们分开后，我曾不止一次问自己：是不是当初自己太任性，太过分了？

又一年，他大学毕业，在大连找了一份很不错的工作。而我，还在继续自己的学业。

工作之余，他经常来四川看我。平时学校放假，我也会去大连找他。

异地恋四年，人群拥挤的站台，和火车的尾气，都一一见证着我们的欢聚与别离。

四年异地恋，从四川到大连，由大连到四川，我们各自都积攒了厚厚的一沓火车票。

不知他存的那些车票到现在身处何方，我的还在床头柜的箱子里，舍不得丢掉。

大学毕业后，我跟他说想去大连找他。我孑然一身，了无牵挂。我想去他所在的城市，和他一起生活。

车票我都买好了，行李也收拾好了。但却等来了他的一句：我们分手吧。

他说叔叔阿姨不同意我们在一起。因为我无父无母，无依无靠。

其实我早料想到会有这么一天的，只是不曾想它来得这么快而已。

他向来很听父母的话，从小就是一个乖孩子。我不想因为我，让他在亲情与爱情之间做抉择。

所以看到他短信的时候，我什么都没问，只回了一个"好"字。

今天是我们分开后的第 79 天。这些天里，他没有找过我。微信没有，短信没有，电话也没有。

我想去大连找他，可是想起叔叔阿姨曾对我说过的话：我们知道你是个好孩子，但我们家是不可能接受一个孤儿的。

那是我第一次无比痛恨"孤儿"这两个字。这两个字，生生斩断了我和自己相爱的人。

我原以为只要自己变得足够优秀，终有一天他们会接受我。

可是我忘了，结婚并不只是两个人的事。它，关乎着两个家庭。

而我，是一个无家可归的孩子。

昨天，我刷朋友圈的时候，刷到了他的动态。那是一张照片，照片上有一对戒指。女士戒指上有一颗钻石在闪闪发光。

他的哥们儿给我发信息，说他前一个月，在叔叔阿姨的强烈要求下，和一个相亲的女孩订婚了。婚礼，定在年后。

时间真快，转眼我们已经相爱了四年了。这份爱，始于四年前，终于四年后。

刷完朋友圈后，我退出微信。把手机关机，然后打开电脑。电脑里传出梁静茹的歌，她的歌声萦绕整个房间："可惜不是你，陪我到最后，曾一起走却走失那路口。感谢那是你，牵过我的手，还能感受那温柔……"

七 爱一个人，可以有多温柔

其实我哪懂什么是温柔啊，只不过想把最好的都给你罢了。

01

印象中，二哥是个脾气不怎么好的人。算不上暴躁，但也谈不上很温和。

小时候，我很怕他。因为我们经常打架，我总打不赢他。在我的认知里，二哥他不仅沉默寡言，且有些淡漠。对很多事情，他都不怎么在乎和关心。

原以为他生性如此。但长大后，我发觉他比以前懂事了不少。也许是因为经历了一些事情，他变得更成熟，更稳重了。

尤其是春节的这几天。

大年初一那天早上，大概是七点左右吧，刚醒来就在朋友圈里看到了他的高调示爱。摩挲着惺忪睡眼，来回确认了好几遍才敢相信真的是他发的动态。

一张新年红包的截图，他配的文字是：Love You。

以往每次回家过年，他都是不着家，见不着人影的。一回到家就出去外边和朋友玩了。饭都很少在家吃。

但今年不一样。初一那天，他很罕见地一整天都在家里，没有出去。而且下午我逛街回家后还看到他躺在床上和女朋友视频聊天。

他当时说话的语气，是我平时少见的温柔。我妈妈早上问他是不是交了女朋友？他也如实回答，说是有女朋友了，还主动告诉我妈妈对方是哪里人，在做什么工作。

记得以前回家过年，家里人问及这个问题，他都是避而不答。但这一次，言语之间，尽显宠溺与温柔。

在看到他和女朋友视频聊天的时候，我突然间觉得哥哥他特别 Man，也特别温柔。想想以前，再看看现在，他真的改变了不止一点点。

现在的他，比之前更关心家里的事了。对于爸妈，他的关爱也明显比前些年多了许多。还有对我，他现在也常常给我打电话，关心我的生活和学习。

02

说到这个，就不得不说说我爷爷和奶奶。

在我们附近这一片，大家都知道爷爷疼奶奶是出了名的。结婚几十年，爷爷一如既往地爱护着奶奶。自我记事起，爷爷就没有对奶奶大声说过话，永远都是一副"我没关系，你开心最重要"的表情与态度。

小时候和他们住在一个院子里。天冷的时候，每天早上都是爷爷起床烧饭。烧好饭，爷爷才去叫奶奶起床。饭桌上的饭菜，一粒米，一捆菜，一块肉，都是爷爷去买回来的。

无论严寒还是酷暑，风雨无阻，几十年如一日。

我小时候很喜欢听爷爷奶奶讲述他们老一辈以前发生过的事情。比如，说去哪里打仗，或者跟哪个小伙伴儿去地里偷挖地瓜，又或是以前那个贫苦年代，他们的生活有多苦，等等这些事情。

"那您怎么还对奶奶这么好呢？"听奶奶讲，在成亲前，她和爷爷没有见过面，是经媒婆介绍才认识的。

"因为爷爷家当初很穷，但奶奶并不嫌弃，而且还为我生儿育女。"爷爷最穷的时候也就只有她在。每每聊起这个话题，爷爷沟壑纵横的老脸上总是荡开了花。

我问奶奶："为什么爷爷不嫌弃你呢？"

因为爷爷是老师，而奶奶目不识丁。更重要的是，爷爷又高又帅，奶奶虽不丑，但却很矮。放在我们现在这个时代，无论是颜值还是才华，奶奶与爷爷都不是门当户对的。

"结婚前他都没见过我，我也没见过他，谁都不认识谁，怎么嫌弃？结婚后，想嫌弃都来不及。"奶奶说完，咯咯大笑。

爷爷坐在旁边，看着奶奶笑，他也跟着笑。院子里，屋檐下，木椅旁，两个白发苍苍、相惜相爱了大半辈子的老人一个在笑，另一个看着她笑。

我能想到最浪漫的事，就是和你一起慢慢变老。

03

在爷爷有限的生命里，最大的幸福莫过于身侧始终有一个深爱了几十年的老伴儿。

在没有孩子前，她为他洗衣做饭，操持家务。生活再苦，都有她陪着他一起。儿女成家后，远离了他们。空荡荡的院子里，仍旧有她在。她频繁的唠叨，偶尔的健忘，都是爱他的最好证明。

生活一贫如洗时，我们互相扶持，彼此依偎；繁华落幕后，我们依然恩爱如初，不改当年。

纵然万劫不复，纵然相思入骨，我也依旧待你眉眼如初，岁月如故。

记得爷爷离开的时候，奶奶声泪俱下。颤抖着枯瘦的身子，她呼唤着爷爷的乳名，一遍又一遍。

爷爷走后至今，她仍旧不肯离开老家。不管我们如何哄劝，她都不肯走。

"我要留在家等他，我要守着他。"她说如果她离开了，爷爷回家看不见为他亮着的灯盏，他会迷路，会生气的。

爷爷走后的这么些年，奶奶极少在我们跟前回忆起以前的人与事，包括爷爷。但每次看到她坐在门口眺望着远方的孤单背影，我便知道：奶奶她，又在想爷爷了。

04

爱一个人，可以温柔到何种程度？

钱钟书对杨绛说："遇见你之前，从未想过结婚。结婚之后，从未后悔娶你，也没想过要娶别人。"

民谣歌手马頔在《傲寒》里说道："忘掉名字吧，我给你一个家。如果全世界都对你恶语相加，那我就对你说上一世情话。"

王小波说："如果你喜欢别人，我会哭，但还是会很喜欢你。"

以前在网上看到这个话题，一个网友曾留言：有一次和她语音，她很困了，要睡觉。我舍不得，说你别挂，等你睡着了我再挂。后来她睡着了，我开静音玩游戏玩了一个通宵。耳朵里不是游戏里的背景音乐，而是她轻微的呼吸声和翻转身子时和被子摩擦的声音。

还有一个网友说她在游戏厅里认识一位大叔。大叔和喜欢了很多年的女朋友分手了，但分开后的这些年，他在游戏里的 ID 还是女朋友当初给他注册的那个，皮肤也一直用到现在，没换。

其实我哪懂什么是温柔啊，只不过想把最好的都给你罢了。

05

我想在清晨的第一缕阳光透过窗帘洒进卧室时，可以看到与我睡在同一张床上睡颜恬静的你。

我想在浴室里为你挤好牙膏，用情侣杯的漱口杯为你装满水；我想在厨房里为你熬好小米粥或者为你磨好豆浆；我想在你起床洗漱时偷偷钻到你身后，紧紧抱住你，把脸贴在你的后背，轻嗅着你身上特有的清香。

当你拖着疲惫的身子回到家时，我想为你端上一碗热汤，为你盛好一碗米饭，为你留一盏灯。

人生的每一件小事大事，我都想与你一起完成。就像那首诗里说的一样：

跟我走吧，忐忑给你，情书给你。

不眠的夜给你，快来的三月的清晨给你。

雪糕的第一口给你，海底捞的最后一颗鱼丸给你。

手给你，怀抱给你，车票给你，跋涉给你。

等待给你，钥匙给你，家给你。

一腔孤勇和余生六十年，全都给你。

连同我的摇曳和负担，都全部交付予你。

06

跟我走吧，我想用余生为你暖一盏茶，晚风微扬时勿忘回家。

这大概就是我能想到的给你的最好温柔了。

八　承蒙你出现，让我喜欢了好多年

　　糖醋排骨的酸甜味，自厨房飘出，萦绕在鼻尖，牵动着味蕾。

　　霎时间，我想起一句话：是谁来自山川湖海，却困于昼夜，厨房与爱。

01

　　敲下这个题目，我把手机递到苏祁眼前，示意他看这句话。

　　他放下手中的书，走近沙发，在我脑袋上胡乱摸了我头发。"嗯，还不错。"他说。

　　我气急，扔下手机，从沙发上蹦起来，然后跳到他背上，杀他个措手不及。

　　哼！让你敷衍我！

　　他赶忙用手托着我，担心我会掉。"来来来，咱商量个事儿。"转身把我放回沙发上，他自己也坐下。

　　"嗯?"我眨巴着眼睛，试图以"撒娇卖萌"逃过此劫。

　　要知道，苏祁这个人，一般情况下都很和气，很温柔的。但如果某一时刻，他表现得比以往还要温柔，那就是有大事要发生了。

　　就比如现在。

　　他就坐在我眼前，触手可及的地方，但我总觉得他离我好远。明明他脸上还是一如既往的宠溺，眼眸也如往昔那般深情。

可不知为何，空气突然安静，气温冷却到几近零点。而近在咫尺的苏祁，让我很心虚。

对，就是心虚。总觉着好像我做了什么对不起他的事似的。

可是我想啊想，想了再想，努力想，认真想，结果都一样：我想不起来自己什么地方得罪了这老古董。

是的，没错，苏祁就是老男人，老古董一枚。妥妥儿的！

为何这么说呢？

试问，有几个现代人还排斥并且拒用微信、微博、QQ 这些社交软件的？

不仅如此，他还自己一个人生活在那种类似于深山老林的偏远地区。若不是我把他揪出来，熏陶熏陶这人世间的烟火味儿，这尊大神说不定现在都快升仙了！

这家伙倒好，非但不领情，还怪我扰了他的清净！

要不是稀罕你，你以为老娘是吃饱了撑的吗？榆木脑袋一个！

"你怎么又发呆！"他的声音，把我拉回到现实中来。

"想不起来哪里做错了？"他继续问。

我不予理会，埋头装傻到底。不就是光着脚丫在地板上走动吗？至于这么生气吗？哼！

果然，这家伙很无奈，用一种大人对小孩子说话的语气，苦口婆心地跟我说："和你讲过多少次了？地板上脏，又滑，万一摔了怎么办？"

他把我圈在怀里，手有一下没一下地玩弄我头发。怎么形容这种感觉呢？就像是犯了错的小朋友，在得到大人教诲的同时，又得到了糖。

嗯，恩威并施。

"树先生，你这是在作弊！"我挠他痒痒，控诉他。

"没办法，家有猛虎。"他拍了一下我头顶，然后，从沙发上起身，走进书房。

虎？家里哪来的虎？还是猛虎？我一时间脑子短路了，反应不过来。

当一阵不加修饰的爆笑声从书房飘过客厅，传到我耳中时，我才猛然意识到：这家伙是在说我！

一个起身，一个飞奔，"嗖"的一声，我一口气从客厅奔到了书房。

他居然还在笑！

跑到他背后，搂住他脖子，左一下，右一下，来回晃他。"让你笑！让你笑！"

"乖，别闹。"他把我拉到椅子上，和他一起坐。

我们头顶着头，四目相对。顷刻间，心跳在加速，连空气都仿佛要静止了。

天际的最后一抹残阳，窗外满地飘零的落叶，书房，还有眼前的树先生。

此情此景，我将一生铭记。

02

"丫头。"

"嗯。"

"树先生，我喜欢你。很喜欢很喜欢。"

有人说过我很勇敢。我也自觉自己向来不缺少追爱的勇气。眼前的这个人，就是我想放在心尖上珍藏的。

喜欢都快从眼睛里溢出来了，为什么还要掩饰呢？

打破僵局的是我，开口说喜欢的是我，但说完后又秒尿，低头装死的，也是我。

"嗯，我知道。"片刻后，他才回应我。

我没有反问他喜不喜欢我，若是连这点信任都没有，那我和他，此时就不会在这里相依相偎，更不会谈论和计划以后的来日方长。

"树先生，你都不知道，此生遇见你，已经花光了我所有的运气和勇气了。"把玩着他的手指，我轻声说道。

"嗯，我也一样。"他俯身在我耳畔，低声呢喃。

这一句"我也一样"，让我觉得之前所有的付出与等待，都是值得的。

我喜欢你。

我也一样。

我等了你很久。

我也在等。

我们都在等。等待遗忘，等待相逢相遇，相知相爱。

庆幸的是，我们都等到了。

终于等到你，还好我没放弃。

03

说起相遇，至今我都不敢相信我和树先生之间那堪称奇迹一般的初遇。

树先生的文章被转载到我关注已久的一个微信公众号上。在该号上，几乎每周都会有树先生写的文。

在默默关注了两个月后，我在后台给公众号的小编留言，说想了解一下这位满纸柔情的大神。

　　这位小编是我朋友，所以很容易的，很顺利的，我就得到了这位大神的联系方式。

　　本着小巫见大巫的激动与紧张，我即刻便加了他微信。

　　可是，等啊等，等了快一个月，才收到答复。而且，好友申请的时间早就过期了。是大神自己给我发的好友申请。

　　看到消息的时候，我想都没想就接受了。准备了一肚子的话，想要对大神说的。

　　但结果呢，被人家一句话梗在了喉咙里：

　　不好意思啊，我不常用这些社交软件。有时候会来不及回复你消息，不过你尽管说，我看到了就会回复的。

　　得到大神的回应，已然让我高兴得找不着北了。哪里还会想到他是否有空，是否会及时回复我啊。

　　接下来的几个月，果真如他所说的那般，我们的对话界面里，弹出最多的，是蓝色的对话框。

　　也就是说，几乎每次，都是我在说，他在听。

　　从日常的生活琐事，到工作中的大事小事，我都会和他说。小到今天去了哪里，吃了什么；大到关乎人生的重要抉择，都事无巨细地跟他讲。

　　久而久之，我对他的称呼变了。我称他为树洞先生。后来得知他姓苏，也没改过这个叫法。

　　我把他那里当成自己的树洞。开心的，不开心的，都倒给他。

　　在因错过时间而错失最后一趟末班车时，他会告诉我，别慌，不要着急；在陌生的城市，因想家而落泪时，他给我分享歌，告诉我要宽心；在为自己的抉择犹豫不决时，他说不管做什么，无悔就好。

　　习惯真的是一种很可怕的东西。

而他的存在，他的鼓励与劝慰，于我而言，就是一种润物细无声的习惯。

我不相信缘分，可我相信我们之间的这场相遇。张爱玲曾说："总有一天，我们会遇见那么一个人。于千万人之中，于时间的无涯的荒野中，没有早一步，也没有晚一步。"

就那样，刚好遇见了。

因为刚好遇见你，留下十年的期许。如果再相遇，我想我会记得你。

04

"树先生，如果我当初没有那么勇敢，没有跋山涉水去见你。是否，我们之间就不会有那么多故事发生了？"

坐在阳台的摇椅里，把他手中的书抽走，我对着他眼睛，问他。

"嗯，或许。"他从我手中拿走书，继续翻看。

还在看！还在看！看不出来我在生气吗？我把手伸进他脖子处，恶作剧般闹他。

他终于舍得放下书了，但却说了一句不沾边的话："饿不饿？想吃面？还是饭？"

我气结，不想和他说话。丢下他，愤愤然转身跑回卧室。

奈何刚回到卧室，不争气的肚子就咕噜咕噜叫了。啊！连你这个小东西都联合他来欺负我！

无奈，只好厚着脸皮走出客厅。

不远处的厨房里，树先生正在忙碌着。他身上，系着与其不搭的 Hello Kitty 围裙；右手握着铲子，不时在翻动锅里的菜。

一会儿的工夫，糖醋排骨的酸甜味，自厨房飘出，萦绕在鼻尖，牵动着味蕾，勾引着叫唤抗议的肚子。

霎时间，我脑子里想起一句话：是谁来自山川湖海，却囿于昼夜，厨房与爱。

05

蹑手蹑脚走进厨房，悄悄躲在他身后，从背后紧紧抱着他，把脸贴在他背上，感受着他身上的气息。

这就是我穷极一生，想要珍爱的人啊！

餐桌前，他就那样静静坐着，看着我把最后一块排骨塞进嘴里。

然后把汤盛在碗里，搁在我手边。眉目间，温柔与宠溺满布。

饭后，我们在阳台上聊天。

说起当初千里迢迢去见他。他夸我勇敢，说很佩服我。

"这样的勇气，大概此生，也就仅此一次了。"拉紧披在身上的，他的外套，轻嗅着独属于他的气味，我由衷说道。

真的，如若遇见的人不是他。又或是没有对他产生感情，或者说喜欢的没那么深，我是不会去见他的。

勇敢一回，只为一人，够了。

06

"你今天不是问了我一个问题吗？"

揽着我肩膀，把我的手放在他的掌心，他问道。

夏末秋初的季节，这座城市已经寒意袭人了。但此刻，我一点儿都不觉得冷。因为他的掌心的暖，他的怀抱很暖，他的外套也很暖。

"如果你当初没有去找我，我会来找你的。"说完，他紧紧固住我，在我头顶落下一吻。

"有生之年遇见你，也花光了我所有的运气。"寒风掠过，我听到了他的呢喃。

踮起脚尖，倾听着他的心跳声，滚烫的泪水无声滑落。

今晚的月色很美。

此刻，我很幸福。

07

"树先生，有生之年遇见你，竟花光了我所有的运气。"

"傻丫头，承蒙你出现，让我喜欢了好多年。"

九　谢谢你，曾赠我一场空欢喜

五年了，我身边的人也走走停停，但一直都为他保留着最近的位置。

如今，他要结婚了。那我，也该放手了。

01

"阿意？"

"嗯。"

"那个……"

"嗯？"

"下周一，我要结婚了。"

"然后呢？"

"你能来吗？"

"以什么样的身份？"

你要结婚了，我该以何种身份出席？

朋友？哥们？还是暗恋了你五年的人？哪种身份才不会尴尬？何种方式才能让我们都舒服？

"当然是朋友啊！我们不是说好要当一辈子的朋友吗？"

"好，我知道了。"

"那我们下周一见。"

"好。"

下周一见。

那个我默默陪伴了五年的人，如今要走向婚姻的殿堂，与别的女人携手一生了。那个曾在无数个夜深人静时陪我喝酒撸串儿的少年，要结婚了。

我默默喜欢着的人要结婚了，可新娘却不是我。

而我唯一能做的，就是以朋友的名义出席，去见证他人生中最重要的时刻，见证他的幸福。

02

五年前，我们初识。

那会儿，我们都在高中，都是复读生。在那个名为"高四"的复读班里，我们被安排坐在一起，成为同桌。

在复读的那一年，我们顶着来自家庭、学校、自己，和周围一切的压力，互相勉励，互相进步。

每每坚持不下去的时候，他都会这样鼓励我："阿意，坚持一下，再一下就好了。"

不像教室里挂在讲台上方的横条："将来的你一定会感谢现在如此拼命的自己"；也不像各个科任老师的"你们要记住，你们已经复读了一年了，你们输不起了！"

只是一句简单的"坚持一下，再一下就好了。"

嗯，有你在，我一定会咬牙坚持下去的。

那一年，我们过得是两点一线的生活：教室和宿舍。在枯燥单一却充满硝烟的复读生活里，唯一的乐趣就是每个月的最后一天，我们都会放下手中的习题，远离教室，到操场上聊天。

每回到那个时候，我都会问他："你想好要考哪个学校了吗？"

"深圳大学。"

他每次回答这个问题的时候，眼里都仿佛有星星在闪烁。在漆黑的操场上，衬得他整个人都熠熠生辉。

"为什么想去那里？"

"小雅在那儿。"

他笑了。抬头仰望满天的繁星。他的笑意里有风，风里带着丝丝的暖意。可惜，这暖意的来源是一个叫小雅的女孩子。

"她……是你女朋友？"我小心翼翼地探问他。

"嗯，我们已经交往两年了。"

他嘴边的笑意在一点点放大。看来，他们的感情很好。

"那你呢？阿意。"

"我呀，我想考华南师范大学。你知道的，我家里人一直都想让我当老师。"

我握紧拳头，任凭指甲陷进手掌心。抬头看一眼天空，星星正在闪烁着。前几天连续下着雨，今天难得的好天气，漫天的繁星都在眨巴着眼睛。

明天的天气应该也很好吧，毕竟能这样闲坐下来聊天的机会不多了。

高考的那两天，我们被分到了不同的考场。考试的前天晚上，我收到他的短信。信息里只有一句话：阿意，加油！

"我会的，你也要加油。考完后，我们回学校见。"给他回完短信后，我突然无比期待我们在学校碰面的那天。

十几年寒窗苦读，一朝见分晓。再次进考场时，已然没有了上一年的紧张与不安。剩下的，只是一颗静如止水的内心还有期待与他再次相见的激动。

为期两天的考试，一晃而过。考完英语的那个下午，艳阳高照的天空忽然间黑了脸，转而飘起了蒙蒙细雨。

这场雨持续的时间很长，似在诉说着离别的不舍，又似在昭告着这场筵席的散场。

天底下没有不散的宴席。这场同窗之情，终究要随着这场细雨而暂停或终止。

03

考完试的第二天，我在学校等了他一天。从早上十点等到下午四点。我左顾右盼，却始终等不到他。

我给他发信息，没人回；给他打电话，手机已经关机了。我去问班上的其他同学，大家都说他没回过学校。

难道是考得不好？不应该呀，他的成绩一向很稳定，考深圳大学是丝毫不成问题的。

高考结束后的两个月暑假里，我都没有见过他。他仿佛人间蒸发了一样，瞬间消失得无影无踪。

高考成绩放榜的那天，他也没有出现。命运有时真的很爱捉弄人。我如愿考上了华南师范大学。而他，却考到了广州大学。

我想打电话跟他说说话，可手机一直显示的是"您拨打的电话已关机"。

再次接到他的电话，是九月份上大学前的一天晚上。

那天晚上十一点，他给我打电话，约我出去见面。我本来已经准备睡觉了，因为第二天一大早就得早起去坐车。

我还是去了，到海边的时候，他脚边歪倒着几个啤酒瓶子。

我坐在他身边，静静地坐着，没有说话。直到那一刻我才发现，原来喜欢一个人是这样的感觉：只要他坐在你身边，哪怕一句话也没说。只要能静静看着他，也会感到很开心。

"阿意，我和她分手了。结束了，彻底结束了。"他突然转过身来看着我。

"结束了？"什么意思？我一时反应不过来。

"嗯，结束了。结束得彻彻底底，没有挽留的余地了。"

看着他紧皱的眉头，我的心就像被什么东西狠狠撞击了一下，生疼生疼的。

回去的时候，他一路跌跌撞撞的。我想扶着他，他却不肯。所以我只能在他身后一步之遥的距离，紧跟着他。

到分岔路口的时候，我跟他说："以后，换我来守护你好不好？"

他愣了一下，转过身来看我。对我说："阿意，我们只是朋友。"

我不知道他说的是真心话还是醉话。但一句"我们只是朋友"，瞬间把我的心扎的鲜血淋漓。

是的，他一直都当我是朋友而已。是我一厢情愿，是我痴心妄想了。

那天晚上回到家后，我失眠了。躺在床上翻来覆去睡不着。他的那句"我们只是朋友"就像魔音一般在我耳边久久萦绕着。

既然如此，那就做个朋友来守护你吧。只要你能好好的，哪怕是陌生人，我也甘之如饴的。

04

上了大学后，我们一直都有联系。有时是我找他，他偶尔也会找我。

大三的时候，我们当初复读班的那批同学约好在广州聚会。

聚会上，大家都调侃我们，问我和他是不是男女朋友？

我攥紧手，在脸上扯出一个得体的笑脸回应他们："没有，我们只是朋友。"

"不对啊，你们不是在一起很久了吗？我没记错的话，在高中时你们就经常一起进进出出的啦！"

哦，原来大家都以为我们是男女朋友啊！我也想啊，可惜我们只是朋友。

酒过三巡后，大家都纷纷起身告辞离开。班长经过我身边的时候，停下脚步，俯身在我耳边对我说："阿意，看好你哟！努力争取，希望下次能听到你们的好消息。"

看着班长远去的背影，我摇头苦笑了一下。

回去的时候，我们一起并肩走在马路上。在等红绿灯的空隙里，他突然对我说："阿意，其实我一直都知道你的心意。但我现在不想谈感情的事。你别因为我耽误了自己。"

"不会的，这是我心甘情愿等待的。"除了你，我不想再去喜欢别人了。

那一刻，为了他，我把自己低到了尘埃里。我像一只飞蛾，为了心中那团忽明忽暗的火苗，甘愿朝着光的方向义无反顾地飞奔而去。

"阿意，你傻不傻啊？为了我，这么做值得吗？"他问我值不值得？

我不知道值不值得，但除了你，其他的人我都不想要。再说了，能分得清值与不值的爱，还算爱吗？

他送我上车后就走了。回到学校时，我收到了他的短信。看完短信里的内容，我从校门口一路狂奔到寝室。

我一边跑，一边哈哈大笑。校道上来往的人都在用一种很惊讶的表情看着我。但我没有多余的时间去理他们。跑回寝室后，我立马躲进被窝里，再次打开手机看他的短信。看完后，我捂着嘴在被窝里傻笑。

他在短信里说：两年后，如果我对他的心意没变，而他身边也没出现其他人，那我们就在一起。

从那天开始，我每天都在心里祈祷。祈祷他身边不要出现别人，祈祷这两年的时间能快点过去。

那一年多的时间里，我们还像以前一样相处。我时间空下来了，就去广州找他；他不忙的时候，就给我打电话。

大四的时候，他要考研。为了日后能与他并肩而行，我也成了考研大队中的一员。

我天真地以为只要两年的时间一过，只要在这段时间里，他身边没有别人出现，那我们就会有一个圆满的结局。

可命运向来善嫉，它总是吝啬赋予人类永恒的平静。总是把美好的弄成支离破碎的，再命你耗尽余生去拼补。

我守着他的承诺，每天都在倒数着日子，只期望这两年之约能有个美好的结局。

然而，当他牵着别人的手，出现在我面前时，我才意识到：他给的承诺，注定是实现不了。

余生，我都只能以朋友的名义陪伴他了。

05

考研成绩出来的那天，他给我打电话。他没有跟我说成绩，而是跟我说了一句对不起。

"阿意，对不起。"

"为什么要跟我道歉？"

"我……有喜欢的人了。"

握着手机的左手在颤抖，我努力平静着自己的声音："那很好啊，恭喜你。"

大四那年，我考研考过了，他承诺给我的两年之约也提前结束了。

大学毕业后，我留在本地工作。有一回，他带女朋友来看我。嗯，他的眼光不错，对方是个很好的女孩。

他跟我说工作一年后，他们就要结婚了。我记得当初是这样回他的："你结婚必须得提前告诉我，我会带着份子钱去参加你们的婚礼的。"

今天，他做到了。他下周一就要结婚了，他提前打电话告诉我了。

时间过得真快啊！转眼间，已是五年的光景了。五年了，他身边的人来了又走，却始终没有我停留的余地。

五年了，我身边的人也走走停停，但一直都为他保留着最近的位置。

如今，他要结婚了。那我，也该放手了。

谢谢你曾经在我迷茫到不知所措的时候，鼓励我坚持一下，再一下；谢谢你曾经给过我的承诺。

谢谢你，曾经赠予我的一场空欢喜。

十　你走吧，我不喜欢你了

我们都在成人的世界里成功把自己装扮得越来越老套，越来越圆滑与世故。

甚至连我拖着行李箱离开的那天，他都还以为我在开玩笑。

01

昨晚凌晨，他给我发信息：

一张火车票：南城到北城。一句话：我走了，你保重。

我给他打电话，他没接。十分钟后，他的短信进来：车要开了，到了那边我再联系你。

关掉手机，我打开电脑开始写东西。写到一半，困意阵阵袭来，眼睛却不肯从电脑前离开。

故事里的男女主角要重逢了，我在想安排他们在哪见面能更容易赚到读者的眼泪。火车站？机场？还是大街上？

拿不定主意，把文稿发给他看，希望他能有更好的见解。信息发送成功后才想起来他手机关机了，现在正在去往北城的火车上。

他可能会更喜欢机场吧，因为他曾经对我说过一句特别煽情的话："机场比婚礼现场见证了更多真挚的亲吻。"

那是我第一次送他离开时他亲口对我说过的话。

自那之后，他走得越发频繁，我送他离开的次数也日渐增多。不知道该说是"一语成谶"还是该感叹缘分本应如此，这些年，我们越离越远，越走越散。

安排他们在火车站见面吧。午夜十二点三十分，他回复我。我说好，我这就写。

这一次，他罕见地没有责怪我熬夜，也没有催促我去睡觉。或许他心里也清楚今后我们可以独处的时间不多，想要见面更是难上加难，说不定一个转身的距离，我们就会消失在彼此的世界里。

02

文章写到二分之一时，他分享了一首歌过来。

戴上耳机，一边听歌，一边在想男生见到女生的第一句话该说什么。想了许久，还是打出了那句老掉牙的寒暄语：好久不见，你还好吗？

这句话，当初我们重逢的时候，他好像也对我讲过。重逢的地点，也是在火车站。

那是我们分别三年之后的第一次重遇。

拥挤的站台上，他左手提着黑布包，右手插在裤兜里，静默地靠着栏杆，眼睛不时瞥一眼来往的人群。

几乎是同一时间，穿梭在人群中的我，和靠在站台上的他，我们俩隔着不断涌动的人群四目相对，视线交汇。

电光火石之间，一种叫肾上腺激素的东西在我体内上蹿下跳，任凭我怎么警告都无动于衷。

像被人从背后点了穴似的，我站在人群中一动不动，眼睁睁看着他朝我走来。

黑布包从左手转到右手，修长的双腿轻轻一跃，跳过围栏，左手抬起把额前的碎发撩到耳后，一边走，一边嘴角上扬。

事隔经年后，每每看到电影里男女主角在站台重逢的画面，我总会下意识就想起他。当时的他，比电影里的人还要年轻帅气得多。

"走。带你吃好吃的去。"走到我跟前，他把黑布包换回左手，用右手牵起我左手，把我带出车站。

走出车站一段路，我才反应过来牵着我的人是他。"你怎么会在车站？"我问他。

"想知道？亲我一口再说。"他弓着身子，把脸凑到我嘴边，活脱脱一个等待大人奖励的小孩子。

他总是这样。每次想从他那得知什么消息，他都会先捉弄你一下。可恶，狡猾，却不会让人反感。

我没有亲他。把手从他手中抽出，继续走路。他轻哼了一下，追上我，又捉过我的手握住，紧紧地。

后来他问我："你当初有没有后悔过不吻我？"我假装说没有，心里却在想：如果还能再重来一次，我一定会踮起脚尖搂住他脖子，亲吻他，然后再告诉他：

"终于等到你，还好我没放弃。"

03

凌晨四点，把写完的稿子发到他邮箱。

他很快回我：辛苦了，快休息吧。到了那边我再好好看。

哈欠连天，眼皮都快睁不开了，却还是拨通了他电话。"你给我唱首歌吧，听完我就睡。"不知怎么的，就是特别想听他唱歌。

"现在在车上呢，别人都在睡觉。你也快睡吧，睡醒再给你唱。"他应该是站在车厢外和我说话的，风声很大。

我不依，迟迟不肯挂掉电话。他没办法，只好压低声音给我哼了一段。

"满意了吧，快去睡。"他说。

没有回答他，掐掉电话，倒头就睡。我想他当时肯定特别无奈，想骂人，骂电话那头得寸进尺、不知退让的我。

你看，人都是这样。但凡得到一点点，就想要拥有更多，甚至想全部占为己有。

被偏爱的都有恃无恐。

04

我一直在想我们为什么会分开，明明那么相爱。

这个问题，我问过自己，也问过他。他说我们不是不爱了，而是爱得太累了。

他说以前刚在一起的时候，哪怕是吃泡面，都会觉得很开心。但后来，在西餐红酒前，却味同嚼蜡，没有了食欲。

是啊，刚在一起那会儿，从月初盼到月底，好不容易发了工资才能吃一顿好的。虽然生活很辛苦，有时候甚至会担心交不出房租被赶出去，夜里都睡不安稳。

但那时候我们很快乐啊。我们一起挤公交上下班；一起踩着情侣款拖鞋去逛菜市场；一起钻在小到容下两个人都困难的小厨房里研究各种黑暗料理；晚饭后还穿着情侣睡衣去压马路。

后来呢？后来工作日趋稳定，生活有了着落，时间也变得急促。最忙的时候，我们一个月都说不上几句话，尽管同住在一个屋檐下。

我们开车去西餐厅吃牛排，喝红酒，流连于灯红酒绿的花花世界，逢场作戏。

我们都在成人的世界里成功把自己装扮得越来越老套，越来越圆滑与世故。

甚至连我拖着行李箱离开的那天，他都还以为我在开玩笑。

05

第二天中午，他给我发来文稿的修改意见。

他问："为什么最后的结局男孩没有和女孩在一起。他们不是重逢了吗?"

我说："他们是重逢了没错，但重逢并不代表能和好如初。破镜重圆的故事，只有童话里才会上演。而我笔下的故事，从来都不是童话。"

他感慨，说可惜了这段感情。

是挺可惜的，明明那么相爱。

"什么时候回来?"我扯开话题，问他。

"不回去了，想在这边安定下来了。"他回道。

"嗯……那你照顾好自己。那边天气多变，记得添衣加被。"

最后一句没发出，删了。

"你也是。不要熬夜，稿子写不完就先搁着。写完了就发给我，我帮你看看。"他声音有些疲惫，也许是长途跋涉的缘故。

没有再和他聊下去，点开昨晚写完的稿子，敲下题目：我心有所念之人，隔在远远他乡。

06

朋友圈里，他更新了动态。

一张图，是他刚下火车拍的站台。一句话：我走了，你保重。

我没有点赞，但留下了评论：走吧，我已经不喜欢你了。

假装不曾爱过，就像不曾相遇过一样。

十一　后来的你，与我无关

你说过的每一句承诺，我都还记得。可是那又怎样？你已牵了别人的手。

01

我又见到你了，在你搬离出租屋的第 367 天。

大街上，你牵着她，并肩走着。她走在马路的里边，你走在外边。现在她站的位置，我以前也站过。她牵过的手，我曾经也十指相扣。

街边人群熙攘，但我还是一眼就看到你了。藏青色格子大衣，浅灰色针织围巾，黑色皮靴。一年多没见，你还是一如既往的阳光帅气。

只可惜，这样的温暖，往后都与我无关了。

02

挤在人群里，我跟着你们走了一段路。

一路上，你都没松开她的手，一直紧紧握着。看着自己空荡荡的双手，我笑了。曾几何时，这样的细心呵护，我也拥有过。

路过奶茶店，你给她买了一杯奶茶。我听到你点的是抹茶味儿的，不加珍珠粒，不要冰，加热。

以前，你每次给我带的都是奥利奥的，因为我喜欢。但现在，你捧着她喝过的抹茶味儿的，一口接一口喝到底。你脸上的温柔与宠溺穿越人群，穿过寒风，穿过黑夜，砸碎了我的痴念。

一时间，《重庆森林》里何志武手捧过期的凤梨罐头，一口又一口塞满嘴巴，吃完后却呕吐的画面唰地一下蹿到我眼前。

成堆的空罐头面前，他说："人都是会变的，今天他喜欢凤梨，明天他可以喜欢别的。"

我也知道且相信人是会变的，只不过未曾想电影里的故事会如此鲜活地在自己身上重演。直到我又一次看到你，再看到你与别人执手，言笑晏晏。

这一刻，我才恍然大悟，原来人真的都会变的。再坚不可摧的感情，都有瞬间崩塌的可能。

就像我和你。

03

　　我们在一起后的第二个春节，我带你回家。

　　买票，收拾行李，买礼物，都是你一个人搞定的。一路上，你比我还激动，一直拉着我问这问那："阿姨喜欢什么？叔叔喜欢什么？他们有什么忌讳？"

　　看着你兴奋又紧张的表情，我忍不住调侃："他们什么都喜欢，只要是你带的。"

　　听完，你"咯咯咯"笑了起来，挠我痒痒，说我学坏了。"你呀，现在不得了了啊。"

　　好像真的是。自从跟你在一块，我胆子大了，脸皮也厚了，酸溜溜的情话张嘴就来。还好你不嫌弃，一直都纵容我胡闹捣蛋。

　　三小时的车程，回到家已是傍晚。暮色四合下，你一手提着东西，一手拉着我，一步步往我们家的方向走去。

　　打开门，看到我们俩，我妈的表情已经出卖了她。她一边招呼你，一边把我拉进厨房谈话。客厅里，就剩下你和我爸两个大男人。

　　"那时候我真切地感受到了叔叔阿姨对你的疼爱。"从我们家回到出租屋后，你拥着我坐在沙发上，头顶着我的脑袋，跟我讲自己的感受。

　　"对啊，他们真的很爱我。"从小到大，他们对我的爱，与日俱增，丝毫没有减少。

　　"放心吧，以后疼你的人又多了一个啦。"头埋在我的颈窝处，你在我耳畔低声呢喃。

　　后来，直到我们分开了很久，久到我对你的模样都越发模糊，我仍然相信那个时候的你是真的爱我。

就像我深爱着你一样。

04

那一年的春节，对于我们家而言，意义非凡。

因为那是我第一次带朋友回家，而且是男朋友。从爸妈对你的关心和照顾我就能感觉到，他们对你很满意。

我们在家待了三天：大年夜，初一，初二。这三天里，你每天都陪爸爸下棋，喝茶。厨房里也多了你的身影，你给妈妈当下手，和她一起择菜，聊家常。话题聊到我的时候，你们俩都很有默契地朝我看一眼，然后小声偷笑。

最后离开的时候，爸爸和你在书房谈了好久，我和妈妈在客厅等你们。爸爸会跟你说什么呢？我好奇。

"他人很好，你要珍惜。"妈妈拉着我，语重心长地跟我讲了好多。她说她看得出来你对我的感情，也知道你是真的很疼我。"要听话，不能像在家里那样耍性子。"妈妈她红着眼眶，一字一句说得严肃又认真。"如果受委屈了，就回来。家永远都在。"

其实她并不知道，自打搬到出租屋和你同住的那天起，我已经把自己的脾气收敛起来了。我不再胡闹，不再乱发脾气，甚至以前在家里从来不下厨的我，在遇见你之后便一头扎进了厨房，每天抱着食谱看得不亦乐乎。

若是她知道我改变了这么多，不知会作何感想。是惊喜我的成长，还是心疼我的变化。应该都有吧。

从书房出来，你们脸上的表情都很严肃。还是妈妈打破了空气中凝固着的沉重："走吧，再晚就赶不上车了。"

你九十度弯腰向他们鞠躬，像是在感谢他们这几天对你的招待，也像是感谢他们把我交给你，更像你对他们许下承诺：叔叔阿姨你们放心，我一定会让她幸福的。

在爸妈挥手告别之际，我们离开了家，那个我生活了二十几年的家。我没有回头，不敢回头去看他们。

回程的途中，我缠着你问你和爸爸在书房的谈话内容。但你不肯透露半分，只对我说"这是我们男人之间的约定。"

"放心，我会做得到的。"你执起我的手，放在你掌心，与我四目相对。

嗯，我相信你。相信你能做到，相信你可以给我幸福，相信我们会执子之手与子偕老。

誓言恍若昨日，还清晰停留在耳畔，但我们却已经分开了好久，成了陌生人。

不知你在享受和她的甜言蜜语时，可会偶尔间记起曾经在我家和爸爸许下过的承诺。是否会想起曾经我们说好的要永远在一起。

想不起来了吧，毕竟时间都过去那么久了。可我还记得，没有忘记。你说过的每一句承诺，我都还记得。

可是那又怎样？你已牵了别人的手。

05

你搬出出租屋后，我一个人在那里住了好久。

房东每次来收房租都会问我："男朋友呢？怎么就你一个人？"

我把自己掩在门后，说："他啊，他出差去了，下周就回来。"

她可能是看穿了我的谎言，笑笑就走开了，没再说什么。关上门，跌坐在地板上，看着这个每个角落都有你影子的房间，滚烫的液体夺眶而出，湮灭了拙劣的谎言。

拖着疲惫的身体走到卧室，床上只有一个枕头了。走到衣柜前，打开柜门，里面只剩下我自己的衣服，你的黑白衬衫踪影全无。走到浴室，梳洗台边只有一个粉色漱口杯，孤零零地站在那里，那只蓝色的，你带走了。

你放在客厅的游戏机也不在了；阳台上你养的多肉已经枯萎了；冰箱里你存放的啤酒老早就被我喝光了；日历上你圈起来的日期也被我撕掉了。

这间屋子里与你有关的所有一切，要么是你自己带走了，要么是被我毁掉了。所有的一切，与你有关的，都不复存在了。

我又恢复了一个人的生活。每天朝九晚五的上下班，周末就一个人去看电影，假期就一个人去旅游，过年就回家陪爸妈。但都是我自己回去，你已经退出我的生活好久了。

你走后的这一年多里，我活得很好，没有因为你的离开而痛不欲生。但我很害怕朋友和爸妈问及你，因为我不知道该如何回应。

我也害怕听到有关你的事情，甚至为了不看到你的消息，我连朋友圈都关闭了。我极力逃出你的生活，却在自己的世界里独自一人沉沦。

我都好久不敢接触与你有关的人与事了，直到我现在又一次遇见你。

06

路边的娃娃机旁，你躬着身为她夹娃娃。

我躲在柱子后面，看着你们笑容洋溢。和我在一起的那几年里，你都没给我夹过娃娃呢。真羡慕她，得到了我未曾拥有过的东西。

十分钟的时间，你夹到了一只小熊。把小熊放在她头顶，你一手揽着她，一手护着娃娃，和她走入人群中。

接下来你们会去哪儿呢？电影院？餐厅？还是回你的住处？又或者回她的家？

天色已晚，我不能再跟下去了。我得回家了，回我一个人的家。

07

起风了，回家去吧。

就在我转身想离开时，你的短信进来了。367 天了，你第一次给我发消息。是的，早在分手后不久，你就把我删掉了。只是没想到，我的手机号码，你还留着。

原来你早就发现我跟在你们后面了。那你们这一路上的各种举动，是真的，还是只是为了演给我看的呢？

应该是真的吧，你看她的眼神骗不了我。

"看到你幸福，我很开心，尽管给你幸福的人不是我。"你过得幸福，我的离开才有意义。

再见了，我曾经以为可以一起携手白头的你。最后再告诉你一声：我真的很喜欢很喜欢你，只是你永远不会知道了。

请你就这样一直幸福下去吧，带着我的祝福一起。即使往后的你，与我再无任何关系。

起风了，我该回家了。

十二 你一定要幸福，但别让我知道了

我的朋友很多，不缺你这一个。我缺的是你，不是朋友。

01

和你见面的那天，我犹豫了好久。直到下了车，再打车去酒店，我才反应过来自己竟然真的来见你了。

微信上，你问我要不要过来接我。我拒绝了，说你先上班，先忙自己的事，我自己一个人可以的。

我真的可以的。可以一个人从厦门到福州去见你，也可以一个人从车站坐车到酒店。

在酒店的那段时间里，我很忐忑，很紧张，也很激动。激动，是因为很快就可以见到你了。紧张，是因为这才是我们第二次见面。尽管前不久我们才见过，尽管我们平时经常聊天，语音，视频。

但很奇怪，所有的焦虑与不安，在见到你的那一刻，全都烟消云散了。

几个月没见，你没什么变化，还是和上回第一次见面时一样。你还是那么爱笑，笑起来还是那样温暖。

我下午五点多到的酒店，你晚上九点多才从公司赶过来。在这期间，我去了你之前和我提过的三坊七巷逛了一圈。

我想啊，如果不是你，我这辈子可能都不会到福州来，也不会去那些我没听过或没去过的地方。

大概下午六点多吧，我到我们之前约定好的清吧等你。清吧里，我点了你给我分享过的那首歌：《假如爱有天意》。

你到清吧的时候，已经喝醉了。但见到我，又喝了几杯。不想看你那么难受，所以我没让你继续喝。

当熟悉的旋律再次响起，你猛然间醒过来，"这首歌，你点的吗？"你看着我，问我。

我点头，歌确实是我点的。看着我，你又笑了，笑得那样温暖。你伸手过来摸摸我的头，眼眸里柔光满布。

这突如其来的温柔，比起酒精，更让我如痴如醉。

02

趁着你昏昏欲睡的时候，我偷偷给你订了蛋糕。那天是你的生日，我一直都记着，所以才会从厦门转机，想陪你一起过生日。

我想尽我所能，给你我想给的温暖。

蛋糕送上来后，你压下醉意，笑着和我说："给我拍一张照吧，和蛋糕一起。"

拿起你的手机，我问你解锁密码。你点开之后，把手机递到我手上，说："你可以另外换一个新密码，换一个你喜欢的数字。"

握着手机，我的手在颤抖，连着那颗跳动的心脏，一起颤抖。"今天是你的生日，也是我们第二次见面的日子，就用这一天的日期，12 月 8 号，1208 吧。"输入密码后，我把手机还给你。

希望以后，不论你我结局如何，看到这几个数字，你能想起我。

接过手机，你放了一首歌：《假如爱有天意》。把手机放在桌子上，你突然看向我。而我，仿佛被召唤了一般，也抬头望向你。

四目相对的刹那，我们都笑了。

灯火昏暗的清吧里，满身醉意的你，微醺的我，望着彼此，眉眼带笑。

此情此景，我此生难忘。

03

你跟我讲起你小时候发生的事情，还有工作上的一些事。

你是一个不善言辞的人。平常聊天说话时，都是我在说，你在听。但那晚，你和我说了好多。说你上学时如何顽皮，说你小时候做过的那些糗事。

从深夜到凌晨，从小到大，从学校到社会，我从你口中得以窥探你过往的成长与经历。那些我没能参与的过往，那些遗憾，也在那个月明星稀的夜晚，得以填充和弥补。

"如果还能再见面，下一次，我来说，你来听吧。"天际刚泛起鱼肚白时，我跟你说。

如果还有下次，换我来说。把我的过往，说与你听。让你也经历一遍我所经历过的所有。

那天你很忙，要上班，但还是请假带我玩了一天。第二天早上出门后，你说想开车，但想到你昨晚才喝了酒，我就没让你开。

看着街道两旁的小黄车，我想起了第一次见面时，你站在武汉街头，给我拍了很多小黄车。

"我们骑自行车去吧。"记得看到那张照片时，我跟你说过，如果下次再见面，我们要一起骑。

　　你欣然答应，然后引着我跟在你后面沿着街边转了一圈。一路上，你都让我骑在里边，还一边跟我介绍那些风景和建筑。

　　不管是骑车还是走路，你都让我走在最里边，自己走在外边。你的贴心周到，我能感受得到。

　　取车后，我说想吃鱼丸，你就带我走了很长的路去买。拿着鱼丸，你注意到我看了一眼鱼丸旁边的面，就悄悄给我点了一份。

　　面，我只吃了几口就放下了。你担心我没吃饱，又要了一份鱼丸。我说吃不下了，让老板退掉。结果，你端过我眼前的面，若无其事地吃起来。

　　我永远也忘不了那个画面。鱼丸摊前，比我高出一个头的你，半弯腰蹲在与我齐平的高度，吃着我吃过的面条。

　　除了爸爸，你是第二个吃我碗中吃过的食物的男人。

　　如果时光能倒流回那个时候，我一定会踮起脚尖，亲一亲你的嘴角。

04

　　晚上吃饭的时候，餐桌上都是我爱吃的菜。所有的菜，都是你点的。

　　你知道我爱吃海鲜，鱿鱼和三文鱼尤甚。所以，在所有菜都上齐后，你又加了这两样。全程下来，你都在看我吃。那些我不认识，不知道怎么吃的海鲜，你一个个把壳剥好，放在我碗里。

　　小时候吃饭，爸爸也会这样。

　　在邻桌人眼里，我看到了她们的羡慕。那种眼神，我能懂。你嘴角上扬的微笑，和热气腾腾的海鲜，一起填满了我的整个身心。

书上说，喜欢一个人，就是想和他一起吃好多好多顿饭。我想，如果往后的每一天，和我面对面坐在饭桌前的人是你，我会愿意的。

我想，你应该也是愿意的。

05

吃完饭，你送我回酒店。

沙发上，你陪我看了电影。电影结束后，我们就静静地坐了一阵子。就那样，静静地，什么都不干，就静静地坐着。

不说话，不出声，也不会觉得尴尬。我很喜欢这种相处的方式。

临走前，你看到了桌子上的钥匙扣。"这是送给我的吗？"你问。

"嗯。"我点头。这是我在厦门给你买的生日礼物，但来了之后却忘了给你。

你把它放在口袋里，说要想想把它挂在哪里比较合适。"对了，你送的饼干，我吃完了，很好吃，谢谢。"出门前，你回头看了我一眼。

那深深的一眼，仿佛要把我看穿了似的。"时间不早了，回去吧。"再看下去，我就要把你留下了。

你离开酒店，我却失眠了，一夜无眠。听着窗外的车声，风声，我躺在床上，任凭眼泪倒流。

突然间，我特别不希望明天的到来。我双手合十，祈祷黎明晚些再来。因为我知道，天一亮，你我之间，就要分道扬镳，陌路殊途了。

天一亮，我们就要说再见了。

06

"早点休息，明天我送你去机场。"凌晨时分，你发来短信。

"香水你用了吗？感觉怎么样？"岔开话题，我问你。香水是我在厦门给你买的，和钥匙扣一起，送给你当生日礼物。

"嗯，我用了，很喜欢。"你还没睡，消息很快回过来。"你送的，和我平时用的一样。"后面跟着一个笑脸，像你在我眼前眉开眼笑一样。

看着这句话，我竟然哭了。之前和你说过，我是一个很念旧的人。闻到熟悉的味道，听到熟悉的歌声，我会想起熟悉的人与事。

就像因为第一次见面时，你和我说想去厦门。所以在第二次见你之前，我便一只身一人去了那里。

所有你走过的地方，我都想走一遍。

天亮之前，我给你打电话，借着酒精的作用，问了你我一直想问的问题："我们之间，有可能吗？"

你没有说话，但答案我已经知道了。沉默，就是最好的回答。

天刚亮，我就从酒店打车去机场。

我给你发消息，让你不用过来送我。偌大的机场里，形单影只的人不少，我也是其中一个。

关机前，你发了很长的一段话过来。

我一直都把你当朋友的，心里一直都有你。你这样说。

要登机了，在排队候机的时间里，我用仅存的百分之二的电，给你回了消息：

我的朋友很多，不缺你这一个。我缺的是你，不是朋友。

07

凌晨五点，被噩梦惊醒。拉开窗帘，推开窗户，外面还是漆黑一片。

习惯性伸手捞过床头柜上的手机，想看看昨晚有没有你发来的消息。

点进微信，结果如意料之中的一样：没有你的消息。

想给你发一句早安来着，但看一眼时间，才五点。这个时间，你应该还在梦乡，我不能扰你清梦。所以，我忍住了。把编辑好的话，一字一句全都删掉。

认识你之后，手机一天24小时待机。朋友都笑我，说什么时候开始，我也沦为手机的奴隶了。对她们的玩笑，我一笑而过，不予理会。

我当然不能告诉她们，我做这些，仅仅为了能随时收到你的来信。

我时不时就打开手机，查看信息。即使在夜里惊醒，醒来后的第一件事，也是看是否有你发过来的消息。

我每天都在等你的信息。但从来不敢主动找你。我知道你工作忙，没时间像我这样一天24小时守着手机。

其实最重要的是，我不清楚于你而言，我是什么身份。不知在你心中，可否有我的容身之处。

若是用一句话来形容我们之间的关系。那我想啊，这句话再贴切不过了：朋友之上，恋人未满。

我们的关系啊，比陌生人多一些，比恋人少一些；比擦肩而过复杂一些，比萍水相逢、相濡以沫又简单一些。

　　说到最后，恐怕连我自己都说不清这是什么关系了。

　　我们相识于偶然，平时联系的也不多。可你发过的每条信息，每句语音，我都牢记在心。

　　我跟闺密说，我好像喜欢上你了。可是怎么办，我不知道你喜不喜欢我。万一你已经有了喜欢的人，那该如何是好？

　　闺密跟我说："喜欢的话就追呀，爱的话就表白呀。你要勇敢些哟，快点行动，不然过了这个村就没这个店儿。"

　　我跟她说我不敢。是的，我不敢亲口对你说我喜欢你。你太优秀了，优秀到我只能远观，不敢靠近。

　　反观我自己，那就真的太差劲了。要身材没身材，要脸蛋儿没脸蛋儿。连脑子都笨的不像话。

　　这样的我，如何能配得上那么优秀、那么耀眼的你呢？

　　既然配不上，那就默默关注着你就好了吧。看到你幸福，我也会很开心。可又不想你太幸福，怕你会把我遗忘。

　　偷偷跟你说哟，你的每条朋友圈，我都看过了。看到你脸上阳光的笑容时，我也会随着你的微笑而嘴角上扬；看到你眉头紧锁的时候，我好想伸手为你抚平眉间的皱痕。

　　你应该不记得，今天已经是我们没有联系的第五天了吧。你那么忙，每天有一大堆工作，晚上下班后还要自己做饭。你每天都忙的脚不沾地，怎么可能会记得这些微不足道的小事呢。

　　可是我都记在心里啊！我们已经五天没说过一句话了。每次都想和你聊聊天，唠唠嗑。可一想到你可能在上班，到嘴边的话就被咽回去了。编辑好在对话框里的句子，写了又删，删了又写，终究没能发出去。

　　闺密看不下去我这窝囊样了。她说要么就大大方方跟你说清楚，要么从今往后就别再找你了。

我知道她在心疼我。和你相识以来的这一年里，我很少陪她出去玩了。一有空余时间，我就自己在家看书，或者捧着手机跟你聊天。

我看的书，都是你推荐过的；看的电影，也是你看过之后，分享给我的。

我们认识的这一年里，我常常熬夜看书，看电影，或者捧着手机等你的信息。

闺蜜恨铁不成钢，看不下去了，她冲我吼："你是不是傻啊？"

我确实很傻。傻到每天都跟你道早晚安；傻到你不回我消息，我就会难过；傻到你一来信，我可以抱着手机乐呵一整天。

她说着说着就抱着我哭起来了。她说："阿云，你这样会很累的，知道吗？这样喜欢一个人，会把自己搞垮的。你看看你的黑眼圈，看看你平时那魂不守舍的样子。"

我知道这样会很累。可就是不想放弃啊！不甘心啊！

我昨天跟她说："你放心吧，我们已经好久没联系了。或许再过段时间，我就能把他慢慢忘掉了。"

安安，再给我些时间好吗？再给我些时间，我就可以把之前所有的一切，都渐渐淡忘的。

时间是治愈伤口的良药。无论伤口再深，都会慢慢愈合，然后再慢慢结痂。

是的，原谅我。我决定要把你忘掉了。我守了你一年了。这一年来，我一直活在"好喜欢你，可是又不敢和你说，觉得自己配不上你"这种想法里。

是不是喜欢上一个人，第一感觉就是觉得自己各种配不上？各种不优秀？各种不够好？

我不知道别人会不会这样想。但当我意识到自己喜欢上你的第一时间，我心里想到的就是这些。

说真的，我累了。主动了那么多回，真的累了。

你从未对我表明过自己的心意。连一句"喜欢"或"不喜欢"都不曾说出口。

时至今日，我都不知道我们是朋友，还是陌生人了。

既然无法相濡以沫，那就相忘于江湖吧！

我知道想要真正忘记一个人，需要时间，需要过程。放心吧，我会做得到的。做到真正把你放下，不再打扰你。

记得之前你跟我说过，让我好好长大，长成自己想要的样子。

我会听话的，听你的话，乖乖长大，长成我自己想要的样子。

最后，也祝福你能早日找到自己的幸福，但就别让我知道了。

十三　我们相爱过，即使没结果

不要骄傲你被多少人喜欢过，值得骄傲的是，你自己用心去爱过几个人。

01

遇见他的那一年，我 22 岁。他 25 岁。

在一起一年后，我去了他所在的城市，去见他。"我在这里，等你来。"这是他最常对我说的一句话。

我在这里，等你来。

等等我，我一定会去见你。

22 岁，我第一次出远门。车票，是他订的。在哪儿上车，哪里是终点站；下车之后在哪儿等他，他几点到；如果他没能及时去接我，我该怎么走，去哪里等他；见到他之后，我们会去哪里玩。

所有的问题，他都提前想好了解决方法。而我需要做的，就是把自己平平安安地带到他面前，投进他的怀抱。

偌大的火车站里，轰鸣的车声，嘈杂且熙攘的人群，所见到的一切，在我看来都是陌生的。

拽着背包，踏上车厢，直至火车启动，我才意识到，我要离开自己生活了二十几年的地方，去远方见我日思夜想的人了。

一路从南到北，将近十小时的车程。第一次坐火车，我对车窗外的所有景物，都无比好奇。

我不停地和他说我看到的房屋、农田、电缆线，还有那些飞快倒退的树木。他笑我瞎激动，让我安心入睡，再次醒来就能见到他了。

我哪里还能睡得着呢！一想到很快就可以见到他，我感觉全身的血液都在燃烧，心脏扑通扑通跳个不停。

很多年之后，每当一个人坐火车去很远的地方。我总会习惯性单手托腮，睁大眼睛看着车窗外的一切。就像当初什么都不懂的好奇宝宝一样。

一夜的兴奋在抵达终点站时显得更高涨。满身的疲惫因为相逢的喜悦一扫而光。睁着惺忪睡眼，下车之后，我一路往车站外狂奔。

他如自己所料想的那般，没空去接我。奇怪的是，我竟没有生气，反而还为他的忙碌找理由。

"你说你怎么那么傻呢？为什么要自己一个人跑去见他呢？为什么不是他来见你呢？"这件事过去很久之后，朋友问我为何当初就那么勇敢？

"谁知道呢？可能是被迷了心智，失了心神，见鬼了。"我打着哈哈，自黑的同时又心疼自己。

是啊，那时候怎么就那么勇敢？只身一人去千里之外的地方见一个人呢？

因为爱啊！因为深爱他啊！因为爱，所以勇敢。因为爱，所以奋不顾身啊！

02

我在他工作的地方待了三天。

那会儿正值冬季，是个看雪的好时节。而我，一个土生土长的南方人，从小便对那皑皑白雪有着无法言喻的欢喜和眷恋。

那三天，他带我去看了雪。雪地里，我们手牵手，肩并肩，从起点走到终点，走了一段很长很长的路。

漫天飞雪，仿佛见证了我们携手白头的诺言。

我站在地里给他拍照，他忙着给我堆雪人。没有鼻子，没有嘴巴，连眼睛都没有的雪人，身边还站着一个身穿深灰色羽绒服的他。

这一张照片，一直存在我手机里。后来无论换过几次手机，更新过多少功能，删减了多少东西。这张图都一直在，没有被我删去。

《独照》里有一段歌词：记忆是照片，总不停拿出来翻阅。就算哭瞎了眼，流干了泪，爱从未熄灭。

而雪地里，我们唯一的一张合照，也就此成了我们彼此之间相爱过的唯一证明。

我们曾经爱过，即使后来没有结果。

03

三年的时间，我们的感情就走到了尽头。

相识，相知，相爱，再到相分，相离，最后形同陌路。这对于别人而言，或许需要一生的时间。但我和他，仅用了三年的时间便完成了。

如果说我无法忘却我们第一次见面时的激动和欣喜。那最后一次见面的无言和悲痛，我也将永生难忘。

我们最后一次见面，是在我出生的城市——南城。这座城市，见证了我成长过程的每一个阶段。见过我的成功与失败，见过我最美的样子，当然也不会漏掉我最狼狈的模样。

巷角咖啡屋里，我们面对彼此落座。他连一口咖啡的时间都不肯留下，便张口就提分手。

最爱的拿铁，滑过舌尖，带着满腔苦涩哽咽在喉咙里。被右手打翻的瓷杯，狠狠砸落在木制地板上，碎了一地。

"你坐了这么久的车，就是为了来和我说声再见的吗？"努力压下心口的苦涩，我抬头问他。

他没有说话，眉头紧皱，脸色很难看。想来他已经几夜没睡过安稳觉了。可是为了这件事，他犹豫挣扎了吗？我在想。

"这些，都是你留下的。现在，我物归原主了。"他从随身携带的包里拿出一个信封。

信封里鼓鼓的。不用猜我都知道，那是我之前放在他那里的车票和平时收藏的一些邮票。

"为什么？"我接过他递过来的包裹，发现他手心全是汗。

"你很好，但我给不了你想要的生活。对不起，我累了。"他像做错事的孩子，低着头。

坐在落地窗边，我们相对无言。凝固的气氛，仿佛也预示了这段感情的最终结局。

"真的就这样了吗？你真的不想继续下去了吗？"

"对不起，我累了。"他双手抱头，一副痛不欲生的样子。

"嗯，没事。以前总是我去见你，现在你难得来一次，多逛逛再回去吧。"看着他那么痛苦，我一时没了方向。

如果想放手，不想再爱了。那我走便是，你别皱眉。

04

临走前，我送他去车站。

同样是站台，同样的火车，不同的是，这一次，不是久别重逢，而是后会无期。

后来，朋友问我："你不是很爱他吗？怎么当时不挽留他？"

当你发现你一直深爱着，且以为对方也同样深爱你的人，原来对你丝毫不了解，甚至是从未了解过、懂过你时，你还会去挽留吗？

你会吗？我，不会了。

后来他也问过我："为什么分手的时候，你那么平静？没有哭闹，也没有骂我？"

"因为我深爱过啊，即使爱得很不值，很盲目。"这是我给他的回答。

送他离开的那天晚上，我拽着鼓鼓的信封，一路跑回家。拆开包裹，一张张火车票和邮票，安静地躺在信封里。

也唯有这一沓沓的车票，能证明我爱过。深爱过，尽管爱得很吃力，很辛苦。

不记得在哪里看过一句话：不要骄傲你被多少人喜欢过，值得骄傲的是，你自己用心去爱过几个人。

所以我觉得挺庆幸的。庆幸自己还有爱人的能力。

05

故事到这里，已经是结局了。

从落笔到结局，我写了好久。反复写，反复删。删删减减，反复琢磨。可能表达得不够好，我已经尽力在表达了。

时隔经年，再次忆起往事，再次去触碰那道伤疤，我依然清晰地感受到它的疼痛。

故事里的他，我没有取名。就让他，和这个故事一起，随风散去吧。

那些埋藏在时光深处的过往，以及曾经的一张张火车票，还有为他而剪掉的长发。所有与他有关的一切，忘了的就忘了，忘不掉的就一直记着吧。

就这样吧。

十四　再见了，青春里的白衣少年

十七八岁的年纪，喜欢一个人，恨不得让全世界都知道。只是再深的欢喜，都担不起"爱"这个字。

01

书上说，别在十七八岁的年纪喜欢一个人。因为如果你们没有走到最后，那这个人将会是你穷尽一生都无法忘却的人。

很不幸的是，我就在十七八岁的时候遇到了那么一个人。而且还用尽了全部的心力去深爱他。

在最荒芜且彷徨的青春里，他是我唯一的光，照亮了我的全世界。

我用尽整个青春去爱他，也用尽往后的余生去遗忘他。

都说深爱一个人，最好的不过余生都是他，最坏的莫过于余生都是回忆。

我还好。至少在前半生，我的青春里都是他。至少我拥有过。即使这短暂的拥有，要以失去为代价。

失去他，我痛哭过，挣扎过。但我从未后悔过。是的，我不后悔。

我不后悔，因为我深爱过。

02

我最不愿提及的往事，是高中三年的校园生活。

确切地说，应该是高三最后那一年。

那一年，我十八岁。那一年，我遇到了他。苏阳，一个惊艳且温柔了我整个青春的白衣少年。

身为转校生，在高三这最后一年，我拼了命地学习。我深知父母寄托在自己身上的厚望，更是切身体会到在全校唯一一个文科重点班的压力。

当然，让我不厌其烦地背书，做题，复习又背书，做题的最重要一个原因，是我想考上和苏阳一样的大学。

是的，我以后想和苏阳去同一所大学。

我想牵着他的手，一起并肩走在大学校道的情侣路上。我想和他一起去吃饭堂里有优惠的情侣套餐。我还想和他一起去课室占位，一起去图书馆，一起去看电影。

我想和他做很多很多事。所以我要努力，努力学习，努力考所好学校，努力配上他。

不要小看一个人的决心和努力。有时候，它们真的会让你更接近自己想要的东西。

就像那时候的我。

为了让自己的考试成绩在排名单上更挨近苏阳的名字，我可以一遍又一遍地背英语单词，一个步骤一个步骤地计算那些复杂的数学题。

"这次进步很大，继续加油。"他手掌放在我头顶，胡乱摸了几下。

看着他转身离去的背影，白色衬衫在太阳光线下变得透明，散发着淡淡的肥皂香味。

刚刚好的阳光，刚刚好的少年。此情此景，终生难忘。

他不知道的是，为了他的一句肯定，我费了多大的力啊！但能得到他的夸奖，真的好开心，好满足啊！

所有的坚持，在他浅浅一笑之下，都是值得的。

在男生为数不多的文科班，苏阳一直都是最受同学和老师欢迎的三好学生。

他成绩优异，为人绅士温柔，脸上永远带着浅浅的微笑。

直到很久之后，我才从他身上读懂了"陌上人如玉，公子世无双"这句话的真正含义。

这个我深深喜欢过的少年，担得起世上最美的赞誉。

03

高三最后一学期，因一次阴差阳错的机会，我和苏阳成了同桌。

在酷暑难耐的六月，他的鼓励，他的笑容，他的安慰和帮助，支撑我走完了至关重要的最后阶段。

每天早上，他趴在课桌上熟睡的侧脸，是我开始一天枯燥、焦虑生活的最好安抚剂。

他埋头做题时认真的模样，让我一扫对前途迷茫的恐惧和担忧。

"下次读题时再认真一点儿，这样的题，你不该做错的。"修长白皙的手指，握着笔，耐心为我的粗心验证着数学题的每一道公式。

在单调乏味的高三学习生涯中，是他，如山间清爽的风，如古城温暖的光，温柔了那段难熬的岁月。

如果没有他，我也能熬过去。只是会很艰难，很辛苦。

04

时间过去太久，我都忘了当初和他告白时的具体情况了。

只记得在考试的前几周，他约我出去吃饭看电影。看完电影后，他送我回家。

"苏阳，你报了哪所学校？"在快到我家门口时，我开口打破沉寂。

我很早之前便知道他报考的学校了。只是想听他亲口说说，好让自己更坚定些而已。

"你呢？你想报哪里的？"他没答，反问我。

"我啊，我想去北方的。想去看雪！"其实我也报了你报的那所学校，而且填的是第一志愿。

"嗯，听起来不错。加油呀，看好你。"说完，他挥手和我道别。

眼看他越走越远，背影即将消失在夜色中。"苏阳！苏阳！苏阳！"冲着他的身影，我大声喊。

"怎么？舍不得我啊？不早了，早点休息，明天见。"他高高举起手来，有些低沉的嗓音随风飘进我耳中。

"苏阳！苏阳！我喜欢你啊！苏阳！"用尽全身力气喊出反复练习了无数次的告白，终于能当面说给他听了。

真好，终于说出来了。

喊完后，不敢等他有什么反应，我撒腿头也不回地跑回了家，并一口气跑上了三楼。

那晚的月亮好像很圆，月明星稀的。但我却失眠了，一个晚上都睡不着。

第二天去上课，我低着头走进教室，又低着头坐在座位上，不敢正眼看他。

老师讲课，我听不进去。他就坐在我右手边，但什么动作都没有。我紧张，忐忑，不安。

唉，要是知道会这样，昨晚说什么也不对他说那些话了。可是能怎么办？覆水难收啊！

"想什么呢？这么入神？放学后等我，我有话想和你说。"一张纸条，夹在数学课本里递到我手上。

当我抬起头，看到的是他认真听讲的神情和侧脸。那么认真严肃，也那般迷人。

他给我的最终答复，让我为之不知疲倦地奋斗了整个学期。哪怕后来我们没有在一起，我也依然要感谢他。

谢谢他，让我成了更好的自己。

05

高考的结果，让我和苏阳渐行渐远，最后成了陌生人，曾经彼此熟悉过的陌生人。

他如愿去了自己喜欢的大学。而我，以三分之差和他就此错过，并且永远没有再重逢的可能。

离开小镇去学校的那天，我去送他。

灰蒙蒙的天，下着淅沥沥的雨。我没有打伞，不想打伞。冰凉的雨滴砸落在身上，却浇不灭心里燃烧着的最后一丝期望。

"浅浅，冬天的时候记得拍照给我看雪哦。"压抑了大半个暑假的心情，在他开口的瞬间，转阴为晴，暖洋洋的。

浅浅，浅浅。同班了一年，同桌了一个学期，这是他第一次叫我浅浅。

亲昵，温柔，却在离别前夕。

我向来不喜欢车站，因为不喜欢告别。无论何时何地，告别都只会是沉重和伤感。更何况，此去一别，归期不定。

站台一别，苏阳如愿留在南方。我呢，一语成谶，去了北方。

十七八岁的年纪，喜欢一个人，恨不得让全世界都知道。只是再深的欢喜，都担不起"爱"这个字。

不敢说爱，只能说喜欢。很喜欢很喜欢，深深的喜欢。

06

大学四年，我和苏阳没有因距离而疏远。一周一次的视频和电话，让我们走得更近。

我也曾一度以为，我们又回到了高三那会儿，可以互相推心置腹，无话不谈。

多可笑啊，放弃了却放不下，依然固执地为他留守着心里最深的位置。期望他回头，等待他转身。

直至有一天，他打电话告诉我："浅浅，和你分享一个好消息，我有女朋友了。"

坚持了几年的痴梦，在那一刻，土崩瓦解。心，碎了一地，深深浅浅，生疼生疼。

浅浅，浅浅。浅梦几回，故人远去。

"啊，那，那挺好的啊。祝福你啊，苏阳。"祝福你啊，远方的故人。

自那之后，苏阳和我之间的问题，渐渐成了：女生一般喜欢什么礼物？为何会无缘无故生气？什么节日，该送什么礼物？

无形中，我成了苏阳的幕后军师。帮他哄女朋友，帮他出主意。

以前，不敢轻易说爱。如今，他身边有了别人，更不能说了。多可悲啊，曾经，他短暂地属于我。而往后，他将长久地属于别人。

拥有与失去，也不过朝夕之间。

07

"等我们考上同一所学校，就在一起吧。"
"我也喜欢你很久了。"

多年前的那个夏天，蝉鸣喧闹的柳树旁，身着白色衬衫的少年，揉着我的发顶，轻声告诉我："我也喜欢你很久了。"

刚刚好的阳光，刚刚好的少年，身上散发着淡淡的肥皂香味。白色衬衫的衣角在微风的轻抚下随柳絮翩翩起舞。

此情此景，余生难忘。

"苏阳，把我删了吧。不然我总忍不住想找你。"打下这行字，泪水模糊了视线。

窗外不知何时飘起了大雪，漫天飞雪，倾了满地的白。把高中的毕业照放回抽屉的最底层，抹去眼角的泪，沉沉睡去。

苏阳，最深沉的爱，莫过于失去你之后，我将自己活成了你的样子。直到今天，再听到你的消息，为你活得越来越精彩而万分开心。

听闻你过得幸福，我很快乐。虽然在离开你之后，我的世界从此荒芜萧条，彻底变成了灰色。

这一次，真的要说再见了，惊艳了我整个青春时期的白衣少年。

十五　感谢你，从我的全世界路过

事隔经年，在她心底，还住着一个叫林皓的、很冷酷、很拽的男生。

01

林晓喜欢林皓，全校的人都知道。林皓不喜欢林晓，除了林晓，全校的人也都看在眼里。

其实林晓是知道的，但她就爱揣着明白装糊涂，假装不知道。

她总以为只要再坚持一下，再努力一下，就能感动他，就能得到他在自己身上短暂停留的目光。

那时的林晓，太过年轻。她像所有青春期的女孩一样，对爱情有着最单纯的憧憬与渴望。

她总爱跟我说："阿云，我觉着吧，在不久的将来，我的意中人一定会踩着七彩祥云来接我的。"

每每谈到这个话题，我都忍不住想敲醒她："你是不是大话西游看多了？"

在高三那年，她真的遇到了所谓的"意中人"。那个人，就是林皓。

他们是在一个朋友的生日会上认识的。林晓说当她第一眼见到林皓的时候，心里、脑海里都只反复盘旋着一句话：是他了！就是他了！

多番从朋友那打听，得知林皓和她在同一所学校，都在读高三。

经过几周的观察，林晓了解到不少关于林皓的事：林皓所在的班级，是这一届高三理科班的重点班；林皓坐在教室第一排靠窗的位置；林皓的同桌是男的，前桌也是男的，但后桌是女的。

为了追到林皓，林晓做出了巨大的改变。要知道，一直以来，林晓都是所有老师眼中的"问题学生"，也是别的家长用来劝诫自家孩子的坏榜样。

没有遇到林皓之前，林晓是这样的：顶着一头五颜六色的头发，青色的一搓搓，紫色的一丢丢；上身穿的是一件牛仔夹克；下身配着一条紧身破洞裤；脚下是一双经过涂鸦改造的小白鞋。

在学校强令禁止抽烟喝酒的高中时代，林晓早已学会在每个晚自修的时候，逃课出去和外面的狐朋狗友喝酒、看戏、逛夜市。

除了我，林晓身边再无第二个能说得上真心话的人。在所有人眼里，林晓就是一个不良少女。她旷课、抽烟、喝酒，还爱和一些社会人士混在一起。

唯独我知道，这个女孩，她并不坏。她拥有一颗炽热的心，对世界、对生活、对一切美好的东西也都怀揣着最初的信仰与向往。

每次经过街角那间荒废的小屋时，她都会掏出背包里的面包，去喂那些流浪猫、流浪狗；每个周末，她都会去市区的养老院做义工。

她并不坏，只是习惯了戴上面具，伪装自己。

在学校里，林晓所在的班级是整个高三最差的一个班。在那里的，都是一些和她一样不爱学习、被老师和家长放弃的孩子。

但所有的一切，在遇见林皓的那一刻开始，全都发生了180度的极速变化。

高三第一学期结束前，林晓把林皓堵在楼梯口，向他表白。

"嘿，同学，听我讲个故事呗。"

在决定表白的前天晚上，林晓特地去把自己的杀马特头发烫成了"黑长直"，还咬牙买了一件很早之前看中的一条连衣裙。

那天，她把自己打扮得很漂亮，只为了在告白时能让他眼前一亮。

放学后，她把他堵在楼梯口，让他听自己讲一个故事。

但向来高冷傲娇的林皓，冷冷地朝她丢下一句："我没空！"

他径直从她身边走过，连一个眼神都吝啬给她。

嗯，真不愧是我喜欢的人，连拒绝别人都这么拽！

那时的林晓，还没意识到林皓是真的对她没好感。而她，却越挫越勇，活像一只打不死的小强。

02

林晓的第一次告白，以对方的一句"我没空"截断了肚子里的一堆话。

但她并没因此放弃。相反的，为了能得到他的青睐，她做出了巨大的改变。

课，不逃了；酒吧，能不去就不去了；烟，也戒了，只是每次想他的时候还是忍不住想抽一根。

为了林皓，林晓从一个问题少女一夜之间变成了乖乖女。她的变化，吓坏了身边的狐朋狗友，也跌破了全校师生的眼睛。

在高三第二学期的第一次月考后，林晓再一次向林皓表白。

这一次，她直接抱着一束满天星就跑到一班（林皓所在的班级）去。当时林皓正在看书，她一甩手，把花砸在他面前的课桌上，然后拿来他的书，对他说："林皓同学，我本来想跟你讲个故事的。但故事太长了，所以我就长话短说。那个……我喜欢你很久了。"

那会儿正值下课时间，所以在一班的门口、窗户边，都挤满了人。有的三五成群在讨论，有的双双对对在咬耳朵。

他们都在看，看林皓如何拒绝林晓。果不其然，观众的眼睛都是雪亮的。

教室内，被表白的林皓一脸淡定地看着林晓，然后悠悠开口对她说："你走吧，我不喜欢你。"

熟悉林晓的人都知道，这丫头脾气特倔，不撞南墙不回头。

她把满天星拿起来递到林皓跟前，对他说："呐，你看，你最喜欢的花是满天星，恰好我也是。你姓林，我也姓林，我们注定是要在一起的。"

林皓一把拿过她手里的花，走到外面走廊的垃圾桶旁边，"哐当"一声把林晓兼职了一个星期才买来的满天星，扔到就垃圾桶里。

他转过身看着站在教室门口，身体隐约在颤抖的林晓，说："你的好意我心领了，我真的不喜欢你，你走吧。"

林晓抬头把眼里的泪水逼回去，然后开口问他："到底要怎样，你才肯接受我？"

听到林晓的话，林皓嘴边扯出一个嘲讽的微笑："除非…你能考上××大学。"

林晓拨开人群，向走廊的尽头跑去。跑到一半的时候，她停下来冲林皓喊："你给我等着！"

自那之后，林晓每天都在题海里遨游。她在网上买了一大堆的复习资料，每天放学后都在图书馆待到很晚才回家。

那时，离高考只剩下不到两个月的时间。而以她自身的实力而言，两个月的时间真的不可能。除非有奇迹发生。

她说："阿云，我知道这不可能，但如果不努力一下就放弃，我会抱憾终身的。"

"好吧，既然如此，那我也只能全力支持你了。只希望在答案揭晓的时候，你不要太难受。"

经过两个月的挑灯夜读，林晓终于迎来了高考。两天的时间，一晃而过。考完试的那天晚上，林晓约我去吃东西。

我们坐在麦当劳店里，周围都是一些家长带着小孩子。小朋友们都特别开心，一个个啃着鸡腿，或者吸着可乐，脸上堆满属于他们那个年纪该有的笑容。

"我小时候也经常跟爸妈来吃这些东西。"

我正嚼着嘴里的烤肉，突然间听到林晓说这句话。我放下手中的烤鸡翅，把手擦干净后伸过去握住她的手。

"我没事，只是一时感慨而已。"

"晓晓。"

"好了，不说这个了。"

在回去的路上，林晓揽着我的肩膀，跟我说："阿云，我以后就只有你了。"

那时候，我没听懂她的意思。直到高考成绩出来的那天，我才明白她想表达的是什么。

03

　　成绩出来的那天，奇迹并没有发生。

　　林晓考得很差，连三本线都达不到。而林皓，如愿考上了那所有名的大学。

　　这场注定没有结局的单相思，也随着高考的结束而暂停。

　　林晓没有继续读大学，而是在县城找了一份工作。

　　自高考结束后，她再没找过林皓。只是每年同学聚会时，她总是小心打探他的消息。

　　事隔经年，我知道，在她心底，还住着一个叫林皓的、很冷酷、很拽的男生。

　　林晓在一家酒吧当服务员。每年寒暑假回家，我都会找她玩。

　　这几年，她变了很多。最让我难以置信的是，曾经嗜酒如命的她，现在竟滴酒不沾。

　　她跟我说："其实从喜欢他的时候开始，我就告诉自己，只有把自己身上那些不好的习惯统统都戒掉，或许才有机会换来他在我身上短暂停留的视线。"

　　也就是说，从高三开始，一直到现在，她都没再喝过酒，也不再抽过烟了。

　　即使是在酒吧工作，也不管客人如何劝酒，她都不曾端起过酒杯了。她在酒吧当收银员，有时也会遇到一些不讲理的客人。

　　对方要是硬要她陪酒，她能一杯酒直接泼到对方脸上。我了解她，她脾气倔，能干的出这种事。

　　"晓晓，这么多年了，你还是放不下他吗？"

　　"你知道吗？为了他，我可以戒掉自己一身的臭毛病，可是却换不来他一个正眼的目光。"

"晓晓……"

"放心吧，我会放下的，给我一些时间。"

今年过年的时候，林晓提前一周辞掉酒吧的工作，去了很远的地方旅游。

出发前的一天晚上，她在朋友圈更新了动态：五年了，是时候该放手了。

她回来的时候，是两个月后。那天晚上，我们去看了电影，电影的名字叫《从你的全世界路过》。

从影院出来，她在微博上写了很长很长的一段话。时隔多年，我只记住了后面的：喜欢你，让我学会了什么是情，什么是爱。

最后一句是：谢谢你，从我的全世界路过。

我在下面留下了评论：在你漫长的一生中，他不是归人，只是过客。

十六 我弄丢了每天和我说晚安的人

其实熬夜很困的，只是心中有期待和牵挂的东西，它总让你感觉下一秒可能会有惊喜，这一切也许因为是你孤独惯了。听说，幸福的人从来不晚睡的。

01

"晚安。"

"这是我最后一次跟你说晚安了。以后我不在你身边，你一个人也要好好的。别熬夜，别睡得太晚。"

这是他昨晚给我发的最后一条信息。

就在昨晚，我把他弄丢了。我把这个跟我说了 1095 天晚安的人，丢在了风中。风很大，任凭我如何拼命去追，都追不上他消失的速度。

狂风过境后，剩下满地的狼藉和为了追他而全身狼狈的我。往后都不必再跑，也无须再追了。弄丢的人，再也找不回来了。

我和他，相识于学校的同乡会。那时我们都来自广东，都在东北的同一所大学读书。他在大二，我在大一。

那天晚上，同乡会迎新。他以老乡兼学长的身份接待我。散会后，他特地跑到我跟前，对我说："以后在学校有什么需要帮忙的，尽管来找我，我罩着你。"

"嗯，谢谢学长。"我向他投去感激的一眼。

能在这人生地不熟的学校遇到老乡，还能得到一个已经在校园里混了两年的"老油条"学长的保护，那得多幸运啊！

临走前，我们加了微信，留了联系方式。走出聚餐的地方大概有几步远的距离，我似乎听到他说"呵呵，真可爱！"

是说我吗？我可爱？想多了吧！

自迎新会后，我们经常就会见面。有时是会里集体聚餐，偶尔的，我们俩也会单独出去吃饭，或者看看电影。

相较于"一见钟情"，或许"日久生情"更适合我们之间的感情进展。

经过大一一年的相处，我们对彼此都了解了不少。我知道他人缘好，交际广，而且学校里有很多女生喜欢他；我知道他平时很喜欢运动，最爱打篮球，经常有事没事就和朋友在操场 PK。

他知道我比较呆板，反射弧有些长；知道我不爱吃香菜，也不喜欢胡萝卜。所以每次吃饭的时候，如果菜里会出现这两样东西，那他一定会先把它们挑出去，再把菜放到我面前。

我们有很多的共同点，其中之一便是看书。平常周末的时候，我们会一起到图书馆，或者去市区最大的书店。

他喜欢看一些悬疑侦探类的书，我就比较爱看一些小说或者漫画。

不管在图书馆或是书店，我们可以一坐就是一天。这一天里，我们都安安静静地看自己喜欢的书，互不干扰。

这样的气氛，不仅不会让我们觉得尴尬，反而有一种岁月静好的感觉。

看完书后，我们就一起去吃饭。每次在外边下馆子，他都会点锅包肉。因为那是我最爱吃的。

吃完饭，我们偶尔也会去看电影。但去的次数不多，只是偶尔去一次。更多的时候，我们会在饭后一起慢慢散步回学校。

饭馆离学校不远。在那条路上，有许多我们共同的回忆。有十指紧扣，互相依偎的；也有嬉戏打闹，放声大笑的……

每次把我送到女生宿舍楼下时，他都会拥抱找。然后对我说"上去早点睡觉，不准熬夜。否则明天有你好看的！"

嗯，他每回都这样威胁我。我才不会怕他！夜还是照常熬，觉还是一样晚睡。

目送我上楼回到宿舍后，他才转身离开。在窗户边看着他渐渐消失在夜色中的背影，我心里有道不明的甜蜜，美滋滋的。

上天待我不薄，让我在异乡能遇到一个懂我、惜我、疼我、爱我的人。

嗯，真好！一切都刚好是我喜爱的模样。

02

睡觉前，总会收到他的信息。每次都是两条，一条文字信息，一条语音。语音是在微信上发的，文字信息是短信编辑的。

形式多样，但内容都一致：晚安，亲爱的。

无论熬夜到多晚，只要听到他的声音，看到他的信息，我都能很快进入梦乡，并一夜好眠到天明。

我们确立关系的那年，我在大二，他在大三。在学校的那几年，他每晚都会跟我说晚安。不管多忙，都不曾忘记过。

记得我问过他："为什么你每天在手机上只跟我说晚安，却从来没说过早安？"

他当时是这样回答我的："因为每天的早安我都想亲口对你说啊，傻瓜。"

是了，他总能一两句话就撩动我的心弦，让我心尖儿的小鹿在乱撞。

"哎，那个，听说我们学校挺多女生暗恋你，你怎么就选了我呢？"

闲来无事时，我总爱拿这个话题调侃他。没办法，他长得太人畜无害了。

有一回，我们去看电影，回去时遇到一个年轻妈妈牵着一个很可爱的小女孩。小女孩一见到他，立马挣开妈妈的手，"嗖"

一声跑过来抱着他。

我当时在旁边都惊呆了，嘴巴大的可以塞下一颗鸡蛋了。还没待我反应过来，小女孩就问他："哥哥，你好帅啊！哥哥，你有女朋友了吗？我当你女朋友好不好？"

听到小女孩的话，我笑了。我在一边看好戏似的想看他怎么解决。结果他一手把我拉过去，然后温言细语地跟小女孩说："不好意思哦，哥哥已经有女朋友了喔。呐，就是这位漂亮姐姐。你现在还小，要好好长大，等长大以后也能遇到像哥哥这样的人啦！"

小女孩对他的话将信将疑，但最终还是松开了他。她跟妈妈走之前，还特地回头朝他一喊："哥哥，你真的好好看哦。"

他被喊得不好意思了，拉着我就快步离开了。我问他："有人夸你好看还不开心吗？跑什么呀？"

他答："好看是用来形容女生的吧？哪有人说男生好看的？"

那天晚上，我们在外边待到很晚才回的学校。他像往常一样把我送到楼下，然后才离开。

日子就那样平淡而温馨地过着。转眼间，他大四了，我大三了。

我问他要不要考研，还是毕业后就直接出去工作？无论他怎样选择，我都会无条件支持的。

他说想考研。我说那你就准备吧，我陪你。他把拉进怀里，轻吻我的额头，对我说："阿心，有你真好。"

他准备考研的那段时间，我一有空就去看他，每个周末都会陪他去图书馆复习。他学他的，我看我的。

大四下学期快结束的时候，他收到了考研的录取通知书。那天晚上，我们把同乡会里的老乡都请到外边一起吃饭。

饭后，大家都有事要忙，便纷纷告辞离开了。回学校的路上，只有我们俩。

一路上，他都牵着我的手。紧紧地握着，似乎一松手，我就会不翼而飞了。

走到一半，他停下来。他跟我说："阿心，毕业后我可能要回广州了。"

他把读研的学校选在了广州。一毕业，他就得回去了。我知道他舍不得我。我也不想让他走。可是我总不能为了自己的一己之私而阻挡他去追求自己的梦想啊！

所以我跟他说："那很好啊，你先回去探探敌情，在那安营扎寨，等着我回去。"

我也想考研，也想回广州，回去陪他一起并肩战斗。

03

时间转瞬即逝，毕业的日期一天天逼近。

在那个阳光明媚，人和事都刚刚好的日子里，终于迎来了他的毕业典礼。

那天，我以家属的身份参加了他的毕业会。他拉着我拍了很多照片。照片上的男生，拥着他身旁的女生，表情温柔。

毕业照拍完了，毕业典礼也结束了。

他离开的那天，皑皑白雪飘了一整天。整个校园里，视线能触及的地方，都是白茫茫的一片。

我穿着厚重的棉衣，把自己裹得跟粽子似的去车站送他。他昨晚跟我说天太冷了，不用去送。

我怎么可能听他的呢！他都要离开了，还不准我去送！这一别，或许就是好几年了。

站台里，人群拥挤，来去匆匆。有送别的，有重逢的；有开心的，也有不舍的。

广播响了，火车启动了，他要走了。

我紧紧抱着他，对他说："你回去后要好好的，不许拈花惹草，要等我回去哦。"

一定要等我回去哦。还有一年，我就会回去陪你了。

目送他上车后，我一个人走在回学校的路上。大雪还在洋洋洒洒地飘着。地上的积雪逐渐增多，每走一步，都会留下一个脚印。

走着走着，突然觉得心里空落落的。我掏出手机给他发信息：一路顺风，回到家后记得跟我报平安。

那一年，是我们在一起后的第二年，也是我们开始异地恋的第一年。

那一年，东北的雪下得很大。我经常一个人窝在宿舍看雪，顺便想想他。

大四的时候，我也参加了考研。那是我们异地恋的第一年。去年的时候，他考研，我陪他复习。这一年，我考研，身边却只有我自己。

考研顺利通过，但学校却不是在广州。我没有选择回去，而是继续留在东北。

他打电话问我："当初不是说好要回广州的吗？为什么要改变主意？"

我说经过一年多的只能隔着冰冷的屏幕传达关心的生活，我累了，真的累了。

这一年多的时间里，我们都很忙。他忙着读研，我忙着考研。

我们打电话的次数越来越少，聊天的内容也越来学简短。

我们之间，看似和从前一样。但实际上，很多东西都变了。一年的时间不长，但足以改变很多事情。

广州，有他的梦想，有他想追寻的东西。东北，也有我的梦想，也有我想要寻找的生活。

我们都以为自己是对的，都不肯妥协，都不肯低头。那结局也只有一个：分手。

分手是我先提出来的。他起初不同意，但后来却再也没有找过我。我想啊，如果当初我们没那么倔，或许结局会是另一番模样吧。

考研没考上，本科毕业后，我在东北找了一份不错的工作。那时候，我们已经有阵没联系了。我有找过他，给他打电话，给他发信息。可是都没得到回复。

我在东北工作了两年。就在昨天，我辞职了。老板挽留我，说让我再坚持几年。

我说我不能再等了，我得回去了。他在广州，我要回去找他了。我不能再错下去了。我要告诉他，其实这两年，我都在想他，天天在想。我要回去陪他了。

回到出租屋后，我在网上订好了车票。今晚坐车的话，明天就可以到了。我要给他一个惊喜。

惊喜还没送达，绝望却已悄然而至。

我在收拾行李的时候，收到了他的短信。快两年了，他终于给我回信了。

我迫不及待点开信息，久违的一句"晚安"让我瞬间潸然泪下。他终于给我发信息了，终于又跟我说晚安了，他心里还是有我的。

可是接下来的一句话，打破了我所有的幻想。

"这是我最后一次跟你说晚安了。以后没有我在身边，你一个人也要好好的。"

泪水模糊了视线，我哆嗦着手登录微信。找到通讯录最底下他的头像，点进去一看，他最新一条动态是十分钟前更新的。

上面是一张图，里面的两只手十指紧扣。图上是一句这样的话：感恩在茫茫人海中，能与你相遇。

手机"哐当"一声掉在地上。

是了，都快分开两年了。他那么优秀，身边怎会缺人？那我还要回去吗？回去了又能怎么样？

我把行李箱里的衣服一件件挂回衣柜里，然后上网取消了车票。

我走到窗边，看着外面的鹅毛大雪。从今往后，我都要早点睡了，不能再熬夜了。

因为从今晚开始，再也不会有人跟我说晚安了。再也不会有人叮嘱我不要熬夜，否则就要我好看了。

那个每天都跟我说晚安的人，被我弄丢了。

十七　你回来了，可我不再爱了

士兵等在公主窗下 99 天，却在最后一天转身离去。

我守在这座城，也只为了最终能离开这座城。

01

十月份的南城，于凌晨迎来了今年的第一场秋雨。

倾盆大雨过后，空气中散发着丝丝袭人寒意。一场秋雨一场寒。此时，教堂里正在做祷告的人，大多都换上了长衣长裤。

唯有站在靠窗右侧的林惜，依旧是一副夏装打扮。

初升的太阳光线，透过树梢折射在她身上。柔顺的长发，洁白的连衣裙，颔首双手合十的模样，沐浴在光晕中的林惜，给人一种无比虔诚的感觉。

其实不然。若非时间不对，地点不对，林惜她是想骂人的。

今天一大早上的就被闹钟吵醒。一向有起床气的她，在心里默念了十遍"不要生气"才勉强把自己的心情收拾好。

礼拜天，又是每周必去教堂的日子。

看着日历上的红圈，林惜一时间慌了神。多少年了，也没见你回来。如果上帝真的能听见我的心声，那你也是时候回来了吧。

林惜没有宗教信仰。但自七年前那件事后，她每个礼拜日都会去教堂祷告。

准时准点，风雨无阻。

很多时候，她自己都想不通为何会如此执着。但只要是为了他，一切都变得顺理成章了。

就像这些年，她一直舍不得离开南城一样。这里不见得有多好，但她就是不想走。别的地方再好，她也不想去。

不为别的，只因为这里是他的故土，是他成长的地方。

愿为一个人，留守一座城。

02

做完祷告，林惜打车去了一个地方。

今年的秋季，来得比往年稍晚些，但并不妨碍身为季节报信者的那些树叶们的先知能力。

长得望不到尽头的阶梯两旁，火红的枫叶，红得耀眼。

满地的红，灼热与温暖，同时间充斥着林惜的身心。

还是这里好啊。虽然身上仅穿着一件短袖连衣裙，但林惜并不觉得很冷。

每年的秋季，林惜都会到这里来。

七年前，她和苏南一起来。从第七年开始，她自己来。

无论刮风下雨，她都会来。如果是晴天，她就爬上阶梯的顶端，吹吹风，看看风景。若是遇到下雨天，也没事。下雨的话，就撑把伞，站在阶梯前，看一看四周的枫树。或者什么都不做，就那样静静地，听听雨声也是不错的。

在这二十几年的前半生里，林惜心里有许多执念。

没遇到苏南之前，她每年也会在秋季去看阶梯，赏枫叶。遇到苏南之后，苏南便代替这些东西成了她心中唯一的执念。

苏南走后，教堂和阶梯，成了她每年必去的地方。

去教堂，是为了祈祷苏南的归期。去爬阶梯，是为了给自己一个不放弃的理由。

无论前者还是后者，都还是因为一个人。

一个叫苏南的人。

03

　　"苏南！你今天要是踏出这个门，以后就别回来了！"

　　客厅里，林惜披头散发，红着双眼对正在装行李的苏南大声吼叫。

　　苏南没有搭话，只顾着往行李箱里搬东西。飞机还有一小时就起飞了，他没时间和这个疯子一般的人吵架。

　　"苏南！我说了不许你走！不许走！"一个猝不及防，林惜把茶几上的马克杯摔在地上。

　　"砰"的一声响，马克杯碎了一地。碎片飞到林惜脚边，白皙的皮肤上顷刻间溢出殷红的血液。

　　对于疼痛，林惜浑然不觉。她只知道，眼前的这个人，不能走。这个人，不能离开。

　　苏南停下手中的动作，回头看了林惜一眼。但也仅限于一瞥，便又继续自己的事了。

　　弯腰拾起地上的一片枫叶，林惜把它放在掌心，细细端详。红得仿佛可以滴出血的叶子，安静地躺在掌心里。

　　这双手，抓住了不少东西，可怎么就是握不住他呢？握紧拳头，林惜问自己。

　　"林惜，我们已经结束了。结束了，你懂吗？"收拾好东西，苏南终于开口和林惜说话了。

　　"不！没有！"林惜用手捂住耳朵，使劲摇晃着脑袋。

　　"我们没有结束。没有，苏南。"她抬起头，用模糊的双眼，一眨不眨地看着站在自己面前的苏南。

　　"我还爱着你，你也爱着我。我们没有结束。"林惜蹲在沙发旁，声音渐渐弱下去。但她嘴里还在嘟囔着："我们没有结束……"

苏南不再继续搭腔。再拖下去时间就来不及了。还有人在等自己呢。环视了客厅一圈，他拖着箱子准备开门出去。

"苏南，你为什么要走？为什么非走不可？"林惜从地上站起来，问他。

门把上的手一顿，苏南有些错愕。同是一个人发出来的声音，但却截然不同的两种语气。

就在前几分钟，林惜的声音还是充满怒气和怨恨的。但此时此刻，除了冷漠，淡然，她的语气里更多了些许释然。

她在用一种近似于事不关己的语气，问苏南执意要走的原因。

因为此时的林惜，她知道，她明白，一心想离开的人，是留不住的。

04

今天天气正好。微风，暖阳，花香。

林惜捡了不少枫叶。她想把这些落叶制作成标本，夹在书里，或者收藏起来。

不知道他那边，会不会也有这么好看的树叶呢？把叶子装好，林惜自言自语地说着。

七年前的那个雨夜，苏南头也不回地离开他们共同生活了五年的家，也离开了她。

她不顾形象地挽留他，但终究还是留不住。

"林惜，你觉得我们这样下去还有意义吗？每天除了吵还是吵。你不累吗？"

"当初你和我表白的时候，我就说过我们不合适。你看，事实证明，果真如此。"

收回门把上的手，苏南折身回到客厅，拥抱了一下林惜。"照顾好自己，我走了。"他说。

可这五年我们不都过来了吗？我哪里做得不好，你告诉我，我改。垂在裤腿边的双手，抬起，又放下；握紧，又松开。

然而，想说的话，被咽下去。张开的手，又缩回去。

"一路顺风，到了那边给我电话。"松开宽厚的怀抱，越过肩膀，走到门口，林惜亲自打开门，目送苏南离去。

这大概是我做过的最酷的事了。走在鹅卵石铺就的小道上，踩着干枯的落叶，林惜不禁鼻尖泛酸。

秋风不解语，故人仍未归。

05

苏南离开的那晚，林惜在等他的消息。

可是等了好久，都没等到。

连报平安都不想和我说了吗？手里翻着仅有的几张合照，眼睛像坏掉的水龙头一样，不停地往外喷水。

苏南，照顾好自己，我等你回来。

苏南，你胃不好，不要喝太多酒。

苏南，你放心，我会照顾好自己的。

苏南，别忘了，我在等你。

……

每天一条短信，林惜坚持了两年。

苏南的微信头像还在，朋友圈也在不时更新着。但林惜的消息，他从来没有回复过。

一次也没有。

可是林惜已经习惯了每天都和他说话。说她去了什么地方，做了什么事，看到了什么有趣的人，吃了什么好吃的东西。

她的生活，她的日常，她都和他说，事无巨细。他不会回复的，她知道。但是她已经习惯了啊。

这个习惯，早在七年前就已然形成了。

这些年里，林惜去过不少地方。不过不管走多远，她最终都还是会回到南城落脚。

这座城市，空气不怎么好，交通也不是很便利。但林惜就是不想离开这里。

她有太多理由离不开这里了。

这里是苏城生活过的地方，这里有她熟悉的同事，这里有她爱吃的食物……

这里有的东西太多太多，却唯独缺了她要等的那个人。

06

天色尚早，林惜打算在阶梯附近的餐厅吃完晚饭再回去。

刚走出公园门口，包包里便响起熟悉的铃声。屏幕上的来电显示，归属地是海外。

会是他吗？林惜愣住了。想接，却害怕失望。想按掉，可又怕错过。

铃声依旧不依不饶。犹豫片刻后，还是划下了接听键。

"惜惜，是我。"那人，那音，那些过往的点滴，刹那间排山倒海，汹涌而至。

多久了？有多久没听到这个名字了？多久没听过他的声音了？

"惜惜，我回来了。"低沉的语气，近似忏悔，又似在呢喃。

"嗯。"翻江倒海后，林惜突然心平气和。

曾几何时，时间已经渐渐模糊了他的面容，也淡化了她的爱。

"惜惜，对不起。"苏南向她道歉。

有什么可抱歉的呢？

当初走得那般决绝，连一个眼神都吝啬。现在才来说对不起，是否晚了些。

"惜惜，我回来了。"他说道。

"苏南，还记得七年前你离开时说过的话吗？你说我们之间继续下去是没有意义的。你说你累了。"

呼出一口气，林惜朝着餐厅的反方向走去。这顿饭是吃不下去了，还是早些回家的好。

"苏南，我等了你七年。若是换成别人，我早就放手了。你给了我太多别人给不了的东西。但凡事都有个期限，我懂得。而如今，你我的这段缘分，也是时候走到尽头了。"

憋了好久的话，一下子全倒出来。林惜觉得心里舒畅了不少。

说不够爱也好，说寡情也罢。这七年的等待，就当还给他曾经给过自己的爱与温暖了。

不管那些爱，那些温暖，是真心的还是假意的。

踩着脚下的残叶，林惜突然间想离开这座城市了。

"苏南，再见。"挂掉电话，林惜拔出电话卡，扔到路边的垃圾桶里。

今晚就走吧，这里已经没有什么值得留恋的了。

等了那么多年，深埋于心的执念，却在听到他声音的瞬间里，全都释怀了。

士兵等在公主窗下 99 天，却在最后一天转身离去。

我守在这座城，也只为了最终能离开这座城。

再见了，苏南。

再见了，南城。

07

回到家，收拾好行李，乘着晚风，林惜离开了这座生活了将
近十年的城市。

有不舍，有牵挂，但更多的是释然。

在绿皮火车启动的前一秒，林惜更新了七年未曾登录过的
博客。

一堆未读的消息。不过她也不想去看了。之前发过的内容，
早被删得一干二净了。

她知道这条消息发送出去后，他会看到。但她就是想发给他
看的。她就是想告诉他，虽然他回来了，可是她要走了。

你回来了，可是我已经不再爱了。

十八　相爱太短，遗忘太长

她梦想有朝一日，能和心爱之人，坐上火车，来一趟说走就
走的旅行。

去哪都可以，只要身边有他在。

01

凌晨时分，林晚收到许北的微信消息。

自他们分手后，这是许北第一次找她。

"睡了没?"他问。

盯着屏幕上的这三个字，犹豫了许久，林晚才回他："还没。"

"这么晚还不睡? 又失眠了?"头像上，扬言要征服海洋的男人却笑得一脸憨厚可爱。

熟悉的二次元头像，熟稔关心的话语，打得林晚措手不及。用手指轻轻摩挲白色对话框上的路飞，林晚一时间不知该如何回复他。

"正准备睡了，你呢? 还在加班?"一句话，删删减减，最后发出去的也只有前面几个字。

"晚晚。"屏幕上弹出林晚的名字。

"嗯?"她回。

"没事，你睡吧。晚安。"欲言又止，想说的终究没有说出口。

没有再继续回他，林晚退出微信，关掉手机，闭上眼睛睡觉。在床上翻来覆去越发睡不着。

掀开被子，捞过手机，随手拿起沙发上的外套披上，林晚走到阳台。

月亮正在树梢儿上咧嘴微笑，漫天繁星也在眨巴着眼睛。林晚突然间想起之前看过的一句话：黑夜很美，不应用来遗忘。

把披散着的三千发丝拢到背后，林晚重新开机上了QQ。点进空间，里面显示有一百条留言。正打算退出账号的林晚，看到这个数字，手指顿了一下。

她已经许久没登录过 QQ 了。QQ 上的好友，在微信上也都有。以前在空间里写的日志，她也早就复制保存到别的地方去了。

谁还会在这里给我留言？而且还是这么多？林晚心里在猜想。她心头划过许北的名字，但也只是一闪而过。

他才不会这么有心。摇摇头，林晚点进去看。留言翻到底，从五月底到现在，每天一条，一共 100 条。

而且每一条留言的人，都有一个相同的名字：许北。

晚晚，对不起。

晚晚，我好想你。

晚晚，生日快乐。

晚晚，今天公司组织活动，但我没有去参加。

晚晚，我昨天回学校去了。

100 条留言，每一条的内容都不一样。但最开始都是这两个字：晚晚。

退出账号，抬起头，林晚才发现，不知何时，泪水早已模糊了视线。

一阵寒风吹来，院子门口的梧桐树叶沙沙作响，屋内的窗帘随风摆动。天上的明月早从树梢躲到了云层背后。

拢紧身上的外套，低头想关机，眼泪却像断了线的珠子一样，一颗颗砸落在屏幕上。

蹲下身子，把自己蜷缩在阳台的角落里，林晚埋首痛哭。

和许北分手的时候，她没哭。工作上出错，被领导责骂，她也没哭。妈妈打电话让她回家过年，说她已经几年没回去了，大家都很想她。听到妈妈的声音，她依然没哭。

但在今夜，看到许北在空间给她的留言，林晚哭了。哭得像一个被父母抛弃的小孩子一样，那般脆弱，那般无助。

哭到眼泪干涸，哭到嗓子干哑，林晚才踉跄着从地上起身。拭去眼角的泪痕，努力扯出笑容，林晚转身回房。

走到书桌前，打开电脑，写好辞职信，处理好各项交接事宜，林晚把文件传到领导的邮箱，然后掏出手机订了一张飞往西藏的飞机票。

用最快的速度收拾好东西，凌晨五点二十分，林晚赶上了最早的一班飞机。

是时候放下一些人与事，也放过自己了。

02

飞机一落地，林晚第一时间打车去了布达拉宫。

东边的天空刚泛起鱼肚白，天色尚早，但一路上却挤满了人。

双膝跪地，双手合十朝拜，还有许多低首匍匐在地上的人。无论哪种姿势，他们脸上都是满满的虔诚。

宫殿里传出林晚听不懂的经文。越走近，檀木香的气味就越发浓郁。在殿门前停下脚步，回头看着满地俯首的背影，林晚不禁湿了眼眶。

那一天，闭目在经殿香雾中，蓦然听见你诵经中的真言。

那一月，我摇动所有的经筒，不为超度，只为触摸你的指尖。

那一年，磕长头匍匐于山路，不为觐见，只为贴着你的温暖。

走进殿中，心里默念一遍仓央嘉措的诗，林晚挺直腰身，双膝跪拜在佛像前。

生而为人，林晚很贪心，有很多心愿。她祈祷父母家人平安喜乐；她祝愿朋友开心快乐；最后，她还希望许北可以幸福。

在殿里逛了一圈，林晚为家人上了香，还给许北求了平安符。

林晚深知，这道符，她不会送到许北手里，但她还是求了。

只要他能平安，幸福，这道符在谁手里都一样。

再看一眼地上还在朝拜的人，再多停留一分钟，这个当初和许北约好每年来一次的地方，往后林晚都不会再踏足了。

一次就够了。

在西藏待了一周，除去两天的游玩时间，其他剩余的五天，林晚都是在酒店里度过的。

第一天，林晚关掉所有的社交软件，大睡了一整天。第二天，打开电脑，写完之前没完成的稿子。敲敲打打，一天又过去了。

第三天，林晚在朋友圈发了一组图。是她在布达拉宫的殿门前拍的。才一会儿的工夫，各路友人微信轰炸林晚，让她帮忙带礼物，帮忙求签。

——回绝后，许北发来了消息：

一个人在那边，要注意安全。出门要带好包包，东西要收好。记得带伞，天气热，多喝水。

看完后，林晚心头五味杂陈。"我已经不是那个不谙世事的小女孩了。我已经27岁了，许北。"最终，还是愤怒代替了感伤。

"我只是希望你平平安安的，晚晚。"许北没有过多解释，似是无奈，也似失望。

结束和许北的对话，林晚胡乱扒了几口饭，倒头就睡。这一睡，一天又溜走了。

最后两天，林晚窝在酒店看书。一本书，24个故事。每个故事看似平凡普通，但似乎都是在我们身边发生过的一样。

作者在序言里写着这样一段话：我喜欢南方，但我从没去过南方，就像我爱北方，舍不得离开北方一样。所有求之不得的东西，我都不舍得一下子用完。没去的地方，留着；没见的人，等着。人那么多，故事那么多，只要值得，都应该被铭记。

这本书的书名叫《我有故事，你有酒吗?》。里面讲述了大千世界中的每一个我们都会经历的生老病死和爱恨情仇。

翻到最后一页，林晚合上书，给母亲打了一通电话。一起被合上的，是许北写在最后一页送给林晚的一句话：

谨以此书，赠予我最爱的南方女孩——林晚。

03

回程的时候，林晚坐的是火车。

所有的交通工具中，林晚最喜欢的，还是火车。

她梦想有朝一日，能和心爱之人，坐上火车，来一趟说走就走的旅行。

去哪儿都可以，只要身边有他在。

火车一路向前，车窗外的景物飞速往后退。穿过隧道，路过高山，忽明忽暗。过往的一幕幕，也如无声默片一样，在林晚眼前拉开序幕。

五月二十七号，是林晚和许北分手的日子。

当天，林晚坐了七小时的火车，北上去找许北。在车站接到林晚，许北没有多大的惊喜。当然，也不是很惊讶。

他们一起去了平时常去的一家饭馆吃饭。从车站到饭馆，一句话都没有，一路沉默。

林晚跟在许北身后，望着他的背影，心里像是压着一块大石头一般，无比沉重。

许北跨步大，走得快。林晚拉紧背包，小跑着追上他。昏黄的路灯下，许北一路埋头走，林晚一路奋力追。

似乎长久以来，都是许北走在前面，林晚跟在后面。他们很少有并肩牵手走在一起的时候。

路灯把他们的影子拉的很长很长，林晚跑到许北的影子旁边，想踩一踩他的影子。因为她在《七月与安生》里看过，如果一个人踩住另一个人的影子，那么这两个人便会永远在一起不分离。

"真的会吗？"林晚开口问。像是问许北的影子，也像是问她自己。

这个问题，林晚没有得到答案。或许答案，她心里早已知晓了。

饭馆靠窗的位置，林晚和许北面对面坐着。桌子上，全都是林晚爱吃的菜：酸辣土豆丝，炒年糕，还有水煮鱼，连饭后甜点，都是林晚最爱的酸乳酪。

伸出去的手在空中停住，林晚抬头看着许北，心头一阵泛酸。

"都是你爱吃的，多吃点。"许北回看她，眉眼温柔。

白天坐车饿了一天，一大桌子的菜几乎被林晚一扫而光。吃完后，林晚摸摸圆滚滚的肚子，和许北在街上散步。

把林晚送到酒店门口，两人不约而同地说出："晚晚（许北），我们分手吧。"

没有问为什么，没有争吵。从高中到大学，再到现在，林晚和许北用了七个字，便结束了他们之间长达七年之久的感情。

在许北转身离开的刹那，林晚在他身后伸出右手。看着许北渐行渐远的身影，林晚把手缩回，也没有去追他。

很多时候，正如你叫不醒一个装睡的人，同样，也留不住一个决意要走的人。

04

是什么导致七年的感情在七分钟里走到了尽头呢？

躺在酒店的床上，林晚满脸泪水。

一个拥抱就能解决的问题，他们却无止境地争吵，冷战，猜疑。

欣喜忧愁无从分享，欢笑落泪不能拥抱。唯有每年那几张北上或南下的火车票，才证明他们真的相爱过。

那天晚上，林晚做了一个梦。

梦中，她挽着许北的手，走了一条很长很长的红地毯。走到神父面前，互换戒指，互许诺言。但画面一切，林晚成了旁观者。在台下看着许北和别人相吻。

林晚哭着从梦中醒过来。她想给许北打电话，告诉他她后悔了，她不想分手了。

可想到这一路来，他们走得太难了。这种爱，太累了。一直以来，都是许北走在前边，而且还走得太快。

许北总是如此。离开的时候从来不说一声再见，而他去的地方，林晚永远都追不上。

05

回忆被火车的轰鸣声拽回现实。

风声从车窗外呼啸而过。打开手机，林晚删掉了许北所有的联系方式。

许北，再见了。

许北，我们都没有错，只是风吹散了当初许下的承诺。

许北，我现在依然深爱着你，只是不能再像以前那样不顾一切地喜欢你了。

从背包里拿出耳机塞上，在火车进入下一个隧道前，林晚仰头看到了天上的一轮明月。

黑夜很美，适合用来遗忘。

十九　你走后，我又一个人爱了好久

你看，现在我们不都活得很好吗？你忙着满世界跑，忙着遇见下一个她，又送走上一个她。我也很忙。忙着工作，忙着生活，还忙着想你。

01

我把头发剪了。曾经你亲手抚摸过的及腰长发，被剪短了。

那天，理发店只有我一个客人。店主问我："姑娘，这么长的头发剪掉了不觉得可惜吗？"

我没有理他，只顾着陷在自己的情绪里。抬起头一看，前几分钟还垂在我耳边的长发，已经不见。

走出理发店，迎面而来的寒风吹得我一颤。习惯性伸手摸摸头发，却只摸到颤抖的肩膀，长发已不在。

走在大街上，我突然想如果我转身回头，会不会看见身后不远处的你。这么想着，我真的转身了。但空荡荡的街道上，只我一人。

这个时候，你怎么会出现呢。我嘲笑自己，继而漫无目的地走着。走吧，走吧，再走远一些，再远一些。

继续走吧，或许下个路口，就有你在等着我。

02

第二天晚上，我去了游乐园。

门口卖面具的大叔都快认不出我了。"哎，姑娘，你……你剪头发啦！"他指着我的齐肩短发，笑着给我递过来一张面具。

我把面具收下，朝他点点头，然后走开。我变得不爱说话了。在外人面前，更是高冷得不像话。

好搞笑啊，你没离开前，我天天跟在你身边唠唠。你还笑话我，说我是个小话痨。现在想想，其实我话不多的啊，只是遇见了你而已。

摩天轮上，我放着你最喜欢的一首歌，一个人俯瞰着脚下的万家灯火。在摩天轮升到最高处时，我听到周边传来女生的欢呼声。她高喊："我愿意！"

不用想也知道，那个男生告白成功了。

犹记得，第一次你带我来这里，对我说着那些让人脸红心跳的话。我也像这个女生一样，开心得尖叫，说我愿意。

大概晚上九点多的时候，他们离开了。女生一路都在笑，男生也跟着她笑。他们让我想起了我和你。我们在一起的大多数时间里，也都是我在闹，你在笑。

走出游乐园，已经晚上十点了。我还不想回家，就在路上慢慢走着。耳机里，你下载的歌曲，一遍又一遍单曲循环着。

有的歌，我不是很喜欢它的旋律，但歌词却走进了心坎儿上。还有那些我以前不怎么听的民谣，也因为你，一首接一首存到歌单里。

你给我唱的第一首歌，我还记得。歌词我都背下来，记在心里了。你在台上，举着话筒，说："接下来的这首歌，送给我最爱的姑娘。"

对了，你总是喊我姑娘。我有很多称呼，乳名也不少，但你总叫我姑娘，还特意加上"我的"这两个字。

"你很好，足以当得起'姑娘'这样的美称。"你说要给我一个独一无二的昵称，所以我就成了你的傻姑娘。

走到公交站牌，路边有个大叔在卖烤红薯。我过去买了一个，掏钱时才记起你以前跟我说的："少吃这些东西。"

咬咬牙，我还是买了一个。一边吃，一边走路。是风太大了？还是红薯太烫了？吃着吃着竟然落泪了。

我已经很久没吃过麻辣烫、烤红薯，还有那些路边摊了。因为你说这些东西不怎么健康，让我少吃。

我的胃已经被你养刁了。它很傲慢，很高冷。以前很喜欢的东西，现在摆在它跟前，它都不看一眼。

这都怪你。怪你把它收服之后又狠心抛下它。这也怪我。怪我对它太娇惯，任由它痴迷你的味道。

03

回到家，我开始整理衣柜。

我很奇怪。一个人的时候，总喜欢折腾衣柜。你送我的裙子，我收起来了，把它叠好放进箱子里。

现在是冬天，你送的裙子是夏装，不适合在冬天穿。等来年夏天吧，我再把它拿出来。希望在下一个夏天，我穿上它时，能再次见到你。

我们约好在下一站，下一个夏天，再见一次，好不好。

对了，忘了告诉你，上周末，我去了你工作的地方。早上七点的火车，下午五点到。

在公司附近，我吃了你给我推荐过的烤肉饭。说实话，我不是很喜欢。太辣了，辣得我直冒烟。可能是在下单的时候，我忘了跟老板说我不要加辣吧。

你住的公寓，我也去了。之前你给的钥匙，我还留着，没有扔掉。为了不弄丢它，我还把自己家的钥匙和它扣在一起了。

我在想啊，还好当初没有搬过来和你一起住，不然分开的时候多尴尬啊。

你又该笑话我了是吧，总是那么悲观，把事情想得太遥远。可是事实证明，我的悲观是正确的。

你跟我说不要想那么多，爱一天，有一天的温柔和快乐。而我呢，却想着要是将来有一天，我们分开了，我该怎么办，你又会怎么办。

现在想想啊，那时候的我们还是太年轻了。不晓得在那样的年纪，没有谁会是谁的一辈子，也没有谁离开了谁就会活不下去。

你看，现在我们不都活得很好吗？你忙着满世界跑，忙着遇见下一个她，又送走上一个她。我也很忙。忙着工作，忙着生活，还忙着想你。

她们说我是时候该把你放下，去遇见别人了。我说好，再等等。再等等，我就把你放下了。

04

你可能不知道吧，你走后的第一年，妈妈就带我去相亲了。

为了这事，我第一次对他们发脾气："我还不想考虑这些事，我还不急！你们要是急，那就自己去好了！"

我对他们说了好多难听的话，把他们震得不知所以。但后来，我还是跟着妈妈去见了一些人。

我很讨厌去相亲。两个人坐面对面坐着，互相不了解对方，又懒得主动开口找话题。尴尬渐渐弥漫着整个空气。

不过也有例外。在第三次，我遇到了一个很好的男生。他人很好，和我也聊得来。我们一起看了电影，还吃过几次饭。

但当他要牵我的手时，我远远躲开了。他当时很惊讶地看着我，那瞪大的瞳孔好像在说："饭都吃了几回了，现在牵个手还不行？"

"对不起，我还没做好准备。"留下一句抱歉，我一个人回了家。

他在微信上找我，我也没再回应。后来，我还删了他。妈妈问我进展如何，我只对她说："妈妈，以后我不会再去相亲了。"

你看，我还是接受不了别人。尽管他们都很好，对我也很好。但他们都不是你，也无法像你。

和你十指紧扣过的双手，我不想去牵别人。你给过的怀抱，在别人那里，我也找不到相同的温暖。

他们再好都于事无补，因为他们都不是你。

05

你也会遇到这样的情况吗？

阿姨是否也会逼你去见那些你不想见的人。是否你也会因为自己不想去而跟她大眼瞪小眼。

你应该不会吧。你身边向来不缺喜欢你的人。从你的朋友圈就可以知道，没有我的生活，你不会孤单寂寞。

昨天本来应该是我们在一起五周年的日子。我还特地一个人去了游乐园，吃了烤红薯，回家后还喝了酒。

但与此同时，昨天也是我们分手后两年的时间。具体来说，应该是两年多。

两年零七十七天。我都记着呢，每天都在数着。

昨晚借着酒精的作用，我给你打电话。铃声响了好一阵子，你才接，"有什么事吗？"

"没事，就是想听听你的声音。"忍了好久，才没有哭出来。

沉默，沉默，无言的沉默，死一般的沉默。"没事我挂了。"十五分钟的记录里，这是你说的第二句话。

其实我想告诉你，今天我去了游乐园，坐了摩天轮。上周我还去了你住的地方，但你不在。

我还想告诉你，我想你了，很想很想。

但这些你都不知道。你不会知道我有多想你，不会知道我有多恨你。

你更不会知道，在你走后，我又瞒着所有人，偷偷爱了你很久。

二十　如果快乐太难，那祝你平安

我爱过的女孩，你一定要幸福，不然对不起我的不打扰。

01

昨晚在电影院，我遇见她了。

电影散场后，她拉着身旁男生的手，和他肩并肩走出去。

她看见我后，愣了一下，把手从男生手里抽出来。男生顺着她的目光看向我，然后把她搂进怀里，揽着她肩膀，带她离开。

影院门口的阶梯有点长，她频频回头，几乎是每下一层台阶，就往回看我。

我站在人群里，周围一片漆黑，人声喧闹，但我的心，我的呼吸，我周遭的一切，都是静止的，明亮的。

因为在离我越来越越远的前方，有个姑娘一步一回头地，深深地看着我，望着我。

这个姑娘身着一袭碎花长裙，扎着马尾，肩上挎着黑色小包，脚下踩着一双白色帆布鞋。

这是我借着影院里的灯光偷看到的。

如果知道会遇见她，在来看电影之前，我就应该好好收拾一下自己的。至少要穿上一件白衬衫，或者配一双帆布鞋。

这样，我就能回到当初我们刚认识时的模样了。这样，以后她想起我的时候，我在她记忆中的样子也不会那么差。

可是我没想到会遇见她呀，更没想到她身边已经有了别人，最想不到的是，在看见她的第一眼，我心里还悸动如初。

书上说，年少时不能遇见太惊艳的人，否则余生都无法安宁。

在没有遇到那个会温柔了岁月的人之前，我已经遇见了那个惊艳了时光的人。所以在她离开往后的余生里，是悲是喜，是荒凉是温暖，都得我一个人去体验了。

02

那天的电影是《后来的我们》。看完电影回到家后，朋友打电话过来，说要陪我喝酒，还扬言不醉不归。我拒绝他，说下次吧，今晚想早点休息。

捏着脚边的空酒罐儿，抹去眼角的泪痕，不等他回话便挂断电话。我怎么能让他看见自己这副鬼模样？一个大男人，在看完电影后买醉，还借着酒劲陷在往事里出不来。

窗外，夜色如墨，树影婆娑。窗内，倒了一地的空酒罐被跳进窗台的夜风刮得咣当响。咣当咣当，咣当咣当，就着回忆深深浅浅地扎在心上，扯着心房，连着血脉，生疼生疼。

"你都不留我一下吗？"

"我真的要走了，你不转身看我一眼吗？"

"七年了。我们在一起七年了。如果不是别无选择，我不会离开你的。你要相信我，我是爱你。曾经爱，现在依然爱着。"

听到门声响起的时候，我转过身，她已经走了。跳过满地狼藉，跑到路边时，她已经坐上车，车也已经开了。

昏黄的路灯下，徒留汽车的尾气和一身狼狈的我，站在路口，看人来人往。

03

　　像电影里的小晓和见清一样，我和她也是相识于少年，相恋于彼此最穷困潦倒的时候。

　　不同的是我们在一起的时间没那么久。我们只有七年。但这七年，几乎耗尽了我前半生所有的爱与勇气。

　　自她提着行李箱走出出租屋的那一刻起，我便清楚地知道，往后的日子里，我肯定还会遇见别人，喜欢上别人，最后还会和别人一起结婚生子组建家庭。

　　但是，今后的我很难再像当初那样爱得那么用力，那么勇敢，那么奋不顾身了。

　　或许我会变得更成熟，更稳重。懂得怎样更好地爱对方，体贴和照顾对方。但像曾经那样的怦然心动，我想应该很难再有了。

　　而且，我所学会的，另一个她所享受的，都是最初的她用离开和告别所教会我的。

　　是否我们都会这样？在最无能为力的年纪，遇到了最想照顾一生的人。然后放手，眼睁睁看着她拥抱另一个人。

　　就像《围城》里的方鸿渐一样，放弃了喜欢他的苏文纨，错过了他喜欢的唐晓芙，最终选择了差不多的孙柔嘉。

　　错过喜欢自己的人，得不到自己喜欢的人，最后和一个差不多的人走完余生。

　　生而为人，真的很抱歉。

04

十年后，再次重逢，见清问小晓：

如果当时你没走，

如果我有足够的钱，

如果我们住进了有大沙发的房子，

如果我们不管不顾地结婚了，

后来的我们会不会不一样？

看到这里，我突然间好想坐上时光隧道回到七年前，回到那间狭窄的出租屋，回到她离开的时候，问她：

如果你父母没有安排你回家相亲？如果你愿意再等等？如果我有足够的钱，住着大房子？那么，你还会走吗？

她会怎么回答我？像小晓回答见清那样吗？

如果当初我们没有分手，后来我们也会分手。

如果当初我们冲动领证了，现在已经离婚很久了。

如果当初你一夜暴富，现在你不会一如当初。

那我们呢？会不会也和他们一样。一样会因为各种原因分开，一样走不到最后。

会的吧。毕竟就像电影里说的那样：幸福不是故事，不幸才是。

05

分手后，我无数次幻想过与她重逢的场景，也演练了无数遍遇见她时的开场白。

可是当真正相逢的时候，除了贪婪地望着她，好像其他话语和动作都是多余的。只想看着她，用目光描摹她的身影，触碰她的脸颊，感受她的气息。

只要看着她就够了，哪怕只是远远的一眼。

倘若她身边没有别人，或许我会抑制不住内心汹涌的冲动，会穿过人群跑过去拥抱她。但不知何时起，她身边早已没有了我的位置。

曾经，我多想拥抱你，可惜时光之里，山南水；可惜你我之间，人来人往。

"如果以后我们分开了，就各自离的远远的，再也不要相见了。"以前在一起的时候，说到以后，她总担心我们会分开。

我一再向她保证："我绝不会让这种情况发生的，我也绝不会放开你的手，让你去拥抱别人。"

现在想想都觉得可笑。曾经有多么信誓旦旦，现在回忆起来就有多痛。

那时候的我们，终究是太年轻了。

06

昨晚在从影院回家的路上，我给她发了短信。

在联系人备份里找了好久，才在最后一栏最后一个名单里找她。看一眼时间，最后一次通话是在三年前。如果没记错的话，那是她结婚时给我发的喜讯。

有时候想想，觉得这个世界真大，大到我们都在同一座城市生活了几年都没能碰到一面。但有时候又觉得其实这世界挺小的，小到分别了好些年的两个人，竟因为一场电影重逢了。

不知该嗔怪缘分的捉弄，还是该感谢命运的恩赐。

07

　　信息刚发出两分钟，她便回了信息：我也看见你了。你一点儿都没变，还是当初那个你。

　　不。你看错了。我变了，现在的我，再也不是当初那个会因为你一个笑容就开心大半天的小男孩儿了。我变了，变得成熟、稳重、懂事了。

　　在棱角被磨平的同时，我也在心里给自己上了一层锁，变得比以前更淡漠，更荒芜了。

　　希望下次再见时，能看到你脸上的笑容。

　　祝你幸福。一定要幸福，不然对不起我的不打扰。

　　祝福你和他一起幸福是假的，但想看到你幸福是真的。因为你在影院回头看我时脸上的泪痕刺痛了我的心。

　　删掉后面的一大段话，只留下一句：如果快乐太难，那祝你平安。

　　信息发送成功后也把她从好友列表里移出去。

　　不打扰，是我最后的温柔。

二十一　你在看南风吹，我在等故人归

　　偶尔我们就像黄昏与黎明，在某些时刻是那般相似，但中间却隔了一整个黑夜。

01

"许了什么愿望？"

蛋糕上的蜡烛被悉数吹灭后，妈妈走近我身边。她左手搭在我肩膀上，右手伸到我耳边，把垂落在我脸边的几缕散发别到耳后。

"希望他能回来。"我弯腰拔去蛋糕上已熄灭的蜡烛。

我希望他能回来，这是我 27 岁的生日愿望。我在等他回来，这是我 27 年的人生中最漫长的等待。

妈妈在原地愣了几分钟，然后走到沙发上坐下。她的双手在裤腿上来回摩擦，欲言又止的样子，像是一个想向家长要糖，却不知道该如何开口的孩子。

"您想问我值不值得，是不是？"我把切好的蛋糕放在她手上，自己也吃了一口。

嗯，果然还是妈妈自己做的蛋糕好吃。虽然比不上外边买的那么好看。

"妈妈，其实我也不知道值不值得。但喜欢一个人，爱一个人，如果要用'是否值得'这几个字来衡量，那还算是爱吗？"

只有爱与不爱，没有值不值得。

"可是他已经离开了那么久了，你也老大不小了。妈妈只是希望你能……"

她放下手中的蛋糕，抬头与我对视。"沐沐，你知道的，妈妈只是希望你能早日把他放下，然后试着去接受别人。"

放下？早已烙在心上、融入骨血的人，怎能说放下就放下。

"我知道的，放心吧。再给我一些时间，我会放下的。"

再给我一些时间，也给时间一些时间。或许就真的能淡忘了吧。

时间是治愈伤口的良药。伤口再深，终究都有结痂的那天。只是结痂愈合后留下的伤疤，该如何去淡化？

"沐沐，如果你真的想等。那妈妈陪你一起吧！"

妈妈揽过我的肩膀，她的手在我脑袋上轻轻揉着。她的泪，像断了线的珠子一般，一颗一颗砸在我的心房。

滚烫的泪水把我的心脏灼的生疼生疼。原来在我折磨自己的同时，也是在折磨她。在我把刀子扎在自己心头时，也是把锋刃对准了她的胸口。

刀子在我身上深深浅浅地刮着，伤口留在我身上，但自伤口里流出来的血，却滴在了妈妈身上。

"妈妈，我不想等的。可是除了他，我再也无法爱上别人了。"

他走了，风停了，故事结束了，我也不会再爱了。

"那你就等吧，妈妈陪你一起等。"她握着我的手。

"妈妈是在心疼你，你知道吗？傻孩子。妈妈把你捧在手心呵护了二十几年，从来不舍得让你受委屈。但你却为了他，为了那个狠心抛下你的人，百般折磨自己。他凭什么啊！"

凭我爱他。因为爱他，所以在他面前，我就是一个浑身赤裸的人。我的优点、缺点全都在他面前一一显露，毫无保留。

因为爱他，所以就给了他伤害我的权利。我把自己的赤诚之心捧到他眼前，但他却把枪口对准了我的心房，并狠狠开了一枪。

他走的潇洒，走的决绝。徒留我一人困在原地，画地为牢。

他走了三年，我就在那暗无天日的牢笼里，痴痴守候了三年。

我知道只要我把牢笼打开，只要我走出去，外面会是艳阳高照、晴空一片。但烈日再灼热，没有了他，于我而言，依旧是冰天雪地。

只有他在，我的世界才有阳光与温暖。

02

"沐沐，我喜欢你很久了，你可以做我女朋友吗?"

三年前那个夏天的夜晚，那个叫顾桓的男生，站在女生寝室的楼下，手里捧着一束满天星，对我大声告白。

我刚睡醒，就被室友从寝室拖下去。衣服来不及换，头发来不及梳，就踩着拖鞋一路自六楼飞奔而下。连电梯都忘了坐。

当我气喘吁吁地站在顾桓面前时，周围传来一阵笑声。

我知道她们都是在笑我：睡衣、鸡窝头、拖鞋，要多辣眼睛就有多辣眼睛。

如果时光能倒流，若是知道他会来告白，我一定不会睡的那么早。就算是被室友摇醒了，也一定得好好装扮一番再下楼去。

如果我当时穿着打扮得体，会不会在离开多年以后，他还能想起曾经站在他面前、接受他表白的那个我，也曾那般光彩照人过?

"沐沐，给我一个照顾你的机会，好吗?"他把手里的满天星举到我眼前，然后要单膝下跪。

"哎，慢着。那个啥，你喜欢我什么? 喜欢我哪一点?"

这是我们在一起两年的时间里，我第一次开口问他这个问题。

我们从大一认识，到现在已经两年了。这两年来，我们都知道彼此的心意，但从来没表明过。

在身边的朋友看来，我们已经是情侣、恋人的关系了。只有我们自己知道，我们从未向对方提过这方面的问题。

即使我们都彼此喜欢着。

"我喜欢你微笑时脸上露出的小酒窝；喜欢你长发及腰、穿长裙子时的样子；喜欢你认真听课，认真记笔记的样子；喜欢你吃饭时喜欢把嘴巴塞满的样子。"

"沐沐，你所有的样子我都喜欢。我喜欢你的一切，你愿意给我一个机会吗？"

寝室的周围很安静，没有此起彼伏的起哄声，似乎连树上夏蝉鸣叫的声音都暂停了。大家都在屏息静待我的回答。

顾桓就站在我眼前。

他身上穿着我喜欢的白衬衫；他的脸庞上有我喜欢的阳光帅气；他的眼睛里带着笑意，笑意里透着暖。

他身上所有的一切，都刚好是我喜欢的样子。

"我愿意。"

我深深爱慕了两年的顾桓，我喜欢的少年，我愿意。愿意给你一个机会，也给自己一个机会。

那天晚上，顾桓抱着我在女生寝室的楼下，原地转了三圈。最终是宿管阿姨出来，他才依依不舍地离开。

我抱着他送的满天星，一路傻笑着爬上六楼。回到寝室才发现，室友好像还没上来，而我，又一次忘了坐电梯。

我向来讨厌夏天。聒噪的蝉声、烦人的蚊子、炎热的天气……这些都是不为我所喜爱的。

但三年前的那个夏天，因着顾桓的表白。我竟无比兴奋激动，无比开心。

以至于他走后的许多年，每到夏天，我都会回去学校，一个人把那些我们曾经携手走过的地方，再重新走一遍。

学校生活区的小吃街；寝室楼东边的情侣路；操场的草坪与

跑道；图书馆靠窗的位置……

这些地方，我们都去过。

记得他当初还说："等毕业后，我们要常常回学校看看。把那些吃过的东西，再吃一次；把那些去过的地方，再走一遍。"

如今事隔经年，我们分分合合，最终没能走到最后。

我是回来了。可是说好要陪我一起回来的人，却不知身处何方。

03

我们在一起的很自然，分开的也很自然。

他的一句"我累了，不想再这样下去了"就结束了我们四年的感情。

是不是很多感情都会这样：分久必合，合久必分？

我不知道其他人的会不会，但我和顾桓，我们之间就是这样分开的。

我们没有谁对不起谁，但就是那样散了。

他走的那天晚上，外边正下着倾盆大雨。

他只带了几件衣服，其他的都留给我。他叮嘱我以后要记得给阳台的多肉植物浇水；下雨天要记得关窗户；冰箱里要随时备着干粮，以备不时之需；灯泡坏了得学会自己换，他以后不会再帮我了。

我走了，你要好好照顾自己。一个人，也要好好的，要按时吃饭。

这是他临走前，我们之间的最后一句对白。

其实只有他自己在说，我什么都听不见，什么都不想听。

　　是窗外的雨声太大了？还是他说话的声音太小了？我不知道，也不想知道。

　　当门被关上的那一刻，我的眼泪如决堤的洪水般，和着外面的倾盆大雨，汹涌而下。

　　我从冰冷的地板上爬到窗边，看着他的背影逐渐消失在雨夜里。

　　不，我不能失去他。我不能失去这个我用尽全力去深爱的人！

　　去吧，去挽回他，去留下他！

　　我耳边一直有声音在盘旋着。心里的小人让我去追回他，去挽留他。

　　可是当我跑下的时候，顾桓已经走远了。他已经不见了。再也回不来了。

　　我披散着头发，光着脚，在大雨中望着顾桓离开的方向，站了很长时间。

　　大雨能把肮脏的地表冲刷干净，能让干涸的土地重获新生，却没能帮我留下我的爱人，也没能冲淡我心头对他的怨恨。

　　是的，我怨他恨他。

　　当初说好要陪我一辈子的，怎么就突然转身离去了呢？一辈子还那么长，没有你，我该怎么办？

　　不是说好要携手相伴到老的吗？怎么就突然松手了呢？

　　怎么就散了呢？就好像从来没爱过一样。

04

　　叶子曾经问我："你们之间的爱情，是什么样子的。"

　　那时候的我，找不到可以形容的话语，只回答她说："就是那样啊，爱情该有的样子呗。"

时至今日，我才恍然大悟，我们之间的感情，并不像爱情该有的样子。

偶尔我们就像黄昏与黎明，在某些时刻是那般相似，但中间却隔了一整个黑夜。

看不见光，没有尽头的黑夜。

"那你还要继续等吗？"叶子问我。

"我不知道，或许等着等着就忘了吧。"

等着等着就忘了，爱着爱着就不爱了吧。

就像每年的南风都依旧，但我要等的故人，却遥遥无归期。

二十二　我们爱过，我们错过

最好不过余生有你，最坏不过余生都是回忆。很不幸的是，她属于后者。

01

入夜，微凉。

人生最美不过初相见。敲完最后一个字，林希合上电脑，踱步到房间的落地窗前。

对面的黄浦江，霓虹闪烁，行人两三。望着江面上的倒影，林希在想，是否应该给他们一个圆满的结局。

林希是上海一家知名杂志社的主编。与此同时，她还在网络上担任专职写手。俗称小说作者。

她笔下的故事，大多以悲剧收场。她塑造的各个角色，或身世凄凉，或仕途坎坷，或情场失意。

总之，无论主角还是配角，最终都逃不过一种宿命：爱别离，怨长久，求不得，放不下。

虐身虐心，是广大读者们对林式风格作品的高度概括和总结。

为什么每个故事都这么虐？什么时候才能看到一次美好的结局？男女主角怎么又没在一起？你再这样写，会失去我们的！

不止一次，那些追随她多年的读者在文下给她留言。对于这些，林希只有一句话：生活本就如此。过于美好的故事，只适合出现在童话里。而我笔下的故事，从来都不是童话。

那你是经历过什么事吗？也不止一次，有人这样问她。

"第一眼便觉得你是有故事的人。"初遇时，他也说过类似的话。

"那可不，几天几夜都说不完。"她笑着回答他。

"不知我可否有此荣幸，能细听你的故事呢？"初恋时，他这样问她。

"我想用一生的时间，把答案说与你听。你准备好了吗？"她这样告诉他。

那一年，她 25 岁，刚成为网站的新人写手。那一年，他 27 岁，是该网站的责任编辑。

同时，他们还确立了恋人关系。

02

作为一名初出茅庐的新人，林希表现得比别人要成熟稳重许多。

这也是她一向为人处世的原则：少说话，多做事。非礼勿视，非礼勿听。

一年两本书，是公司，也是她自己给自己设定的任务与目标。

术业有专攻，林希最擅长的体裁是小说。言情小说尤甚。

许诺常调侃她："你这脑袋瓜里，除了这些东西，还有别的吗？"

"肯定有啊！"她欲言又止，故意卖他关子。

"还有什么？"他如她所愿，佯装不知道。

"还有你啊！哈哈哈哈。"躺在他怀里，她放声大笑。活脱脱一个得到大人奖励的小孩子一般模样。

两人独处的时间里，总是她在闹，他看着她闹。她的小脾气，他纵容；她的小情绪，他安抚。

即使相对无言，也不觉得尴尬。

他懂她，疼她，惜她。她仰慕他，尊重他，深爱他。

"阿诺，等我写完笔下的这个故事，第二本书，就写写我们的事。你看，好不好？"

自打喜欢上他，认定他，林希便悄悄开始了自己的计划。她在自己的记事本上，一页一页记录下他们在生活中的点滴小事。

从执笔写故事的第一天起，能为自己心爱的人写一本书，便成了林希长久以来的心愿。

书中没有配角，没有路人甲乙丙丁。

只有他和她。

03

只是书写了不少，粉丝的拥有量也一年胜似一年。但书中写的都是别人的故事。

自己心中的男主角，迟迟没出现。

她自己倒不着急。可家里人等不了了。林妈三番两次旁敲侧击，试探她的状况。七大姑八大姨，时不时就给她介绍对象。

奈何林希是个倔脾气之人。对待感情，她不愿将就。哪怕身边不少和她同龄，甚至比她还小一两岁的人，都结婚的结婚，生娃的生娃。

再不济，都有男女朋友了。

只有林希，孑然一身。

是不是你写小说写多了，不相信爱情了？闺蜜每每都如此开她的玩笑。

真的是这样吗？当然不是。

虽说自己写的故事，结局都不怎么美好。但心中对爱情的憧憬与期盼，还是一如从前的。

他在路上了，很快就到。她自信满满，巧笑嫣然。

是念念不忘必有回响，还是相信爱情的人，早晚会遇到爱？

似乎都不重要了。因为不管哪种缘由，那个人，来了。

那时候，林希还是一个默默无闻的小白。写文，仅为了心中所喜。

历经一年多的时间，她的第一本书，处女作《余生不再爱》初稿完成。

然而，稿子投了几家网站，结果都石沉大海，没有结果。

是自己写的不够好吗？还是自己根本就不适合走这条路？

煎熬，挣扎，抉择。一时间，林希像迷途的羔羊一样，找不到方向。

你的故事，我看了。整体还不错，但局部内容需要再升华改进一下。正好我们公司在招聘新作者，不知你可有意来应聘？

就在林希想停笔之时，许诺出现了。

许诺的出现，带给林希的不仅是希望，还是救赎。

在林希独自一人行走于黑夜中，看不到前路时，许诺如同一枚小小火柴，他散发出的光芒很脆弱，但足以照亮她眼前的黑暗，驱赶她周边的阴霾，给予她温暖。

成功签约后，许诺顺理成章地成了林希的师父。他资历深，阅历丰富，脑洞大。而且，在公司里，许诺可以算得上是元老级的人物了。

他手下有不少经他带领后声名鹊起的作者。能成为他的关门弟子，是多少新人写手梦寐以求的愿望。

但许诺向来傲娇。他收徒只有一个标准：自己喜欢。管你故事写的再动人，若是他不喜欢，一概没戏。

反之，若是你身上有他喜欢的优点，即使文章写得不够好，他也会聘用你。

好比他选择林希，就是如此。

林希的文笔、故事内容，不算是最优秀的。但她所表达的一些价值观念，是他所欣赏的。

事实证明，许诺的眼光确实很准。

在公司待了两年，林希出版了两本书：《余生不再爱》和《愿余生不再回首》。

这两本书的书名有些相似，结局也都以悲剧告终。但不同的

是，第一本书的男女主角，经历了各种艰难险阻，最终还是没能
走到一起。

而第二本呢，林希写的是自己和曾经倾慕过的少年的故事。

他们只有过短暂的交集。匆匆相遇后，离别成了永恒。但不
可否认的是，那时那人，林希真的倾心过。

回首过往，目光所及之处，处处是你。唯愿余生不用再回首。

前者，是林希写给少年的；后者，是少年回复林希的。

愿余生不再回首，愿旧爱是你，新欢也是你。

再见，记忆里的白衣少年。

这本书，林希倾注了很多精力才完成的。当然，最后的大卖，
少不了许诺这名军师的出谋划策。

两年的时间，林希从无人问津的小白成长为炙手可热的新晋
写作者。

一同升温的，还有她和许诺的感情。

日久生情，这四个字，用来形容她们的情感，再适合不过了。

在工作上，他是领导，他带她。在生活中，她是决策者，家
里的大小事，她说了算。

除了会与东西，林希还是一枚资深吃货。平时在家里，她喜
欢一个人在厨房捣鼓各种吃的。

她喜欢吃，他便陪她去逛超市，逛市场。她爱玩，他便带她
各地旅行。玩累了，便携手回家。享受难得的宁静时光。

若是没有那个人的出现，林希想啊，或许这辈子，就赖定
他了。

其实林希是一个很敏感、很矛盾的人。一方面，她渴望爱情，
渴望被爱。但另一方面，她害怕受伤，害怕背叛。

所以，当残酷的事实摆在她眼前，她第一时间想到的，就是

远远地逃开。

逃离身边的一切，逃得越远越好。

04

是否，当热恋时的轰轰烈烈被平淡所取代后，爱情就会变得面目全非，满目疮痍？

当林希亲眼看到许诺身旁依偎着别的女人，而他还满眼温柔与宠溺时，林希的脑袋只剩下一片空白了。

站在咖啡馆的玻璃窗外，林希目不转睛地盯着他们。想要转身离去，双脚却像灌了铅一样沉重，不听使唤。

热闹的街道，说笑的行人，都入不了林希的眼。她的眼前，早已被他们过往的片段，一帧帧占满，套牢了。

才夏末秋初的季节，街上的行人都还穿着短衣短裤。可林希却浑身发冷，冷得四肢麻木。

咬紧牙关调头离开。走到大街上，林希弯腰拖下高跟鞋，光着脚，抹去眼泪，一路走，一路笑。

从咖啡馆到小区，平时只需几分钟的时间。如今被林希走出了将近一个小时的距离。

咖啡馆里，许诺推开身上的人。他低下头，手紧握成拳，眉宇间，悔恨与痛苦，溢于言表。

"看着她绝望，看着她走远，不心疼吗？"女生问他。

"你知道的，我……时日无多了。她很好，值得更好的人来珍惜。"说完，许诺起身走出咖啡馆。

被留下的女生，盯着许诺离开的位置，两行清泪无声滑下。

05

回到家，收拾东西，最后看一眼生活了几年的屋子。林希头也不回地离开。

在林希的爱情观里，容不得不忠与背叛。她不是那些言情小说里的傻白甜，更不是圣女。

拿得起，就得放得下。这也是她一直坚守的原则。

离开后，林希孤身一人去了上海。

其间，许诺没有给她打过电话，连一句问候都不曾。仿佛她的离开，只是时间问题而已。

她离去，他毫不在意。

当初的诺言，都消失在风中，随风而去了。余下的，只有被伤害的人，还有那些一经想起，便痛心疾首的往昔。

我这辈子最遗憾的事，就是推我入地狱的人，也曾带我上过天堂。

《色戒》里的这段台词，林希一直当作个性签名。

在上海待了两年，林希成了杂志社的主编。她还在坚持着自己最初的梦想。

只是当初想要听故事的人，如今身处何方，所忧所虑，又是为了谁呢？

这两年里，林希没有出过一本书。她没有停笔，依然在写。而且她写的，还是她和许诺的故事。

她忘不了他。

卧室的衣柜里，挂着他穿过的白衬衫；浴室的梳洗台上，有他最爱的蓝色漱口杯，尽管里面没有牙刷；厨房的冰箱里，时刻备着他喜欢的咖啡和水果。

他教给她的写作技巧和待人处事的原则，她沿用至今。他喜欢看的书，她都重新买回来，看了一遍又一遍。他喜欢的歌，在写文时，她塞着耳机，单曲循环。

只是他的人，她却再也没见过。

最好不过余生有你，最坏不过余生都是回忆。很不幸的是，林希属于后者。

06

2017 年 8 月 17 日，上海某医院送走了一个病人。

该病人患的是白血病。在医院治疗了将近一年的时间。但因突发状况，经抢救无效，院方宣布了死亡。

据看护这位病人的护士说，该病人每天都会查看上海某一地点的天气情况。他的病床上，枕头边，还放着一本书。

书名叫《余生不再爱》。

医生在整理遗物时，在病床的枕头下发现了一封信。信封上的收件人是一个叫"林希"的人，寄件人的名字叫"许诺"。

收件人的地址是上海某一会场。巧的是，就在今天，一个叫"楠桑"的著名小说家在该会场举办个人签售会。

07

来参加签售会的人很多。

每个手里，都拿着一本书。每个人的目光，都看向聚光灯下的那个人。

那个人，就是林希。

这是林希在上海举行的首届签售会。主要为了宣传她此次出版的新书。

在每个人的青春里，都会遇到那么一个人。你们爱过，你们错过。但无论结局如何，我们都应该心怀感激，感谢对方的出现。

也正是因为他的出现，才让我们对自己的青春，如此依依不舍，念念不忘。

台上，林希握着麦克风，面对她的读者朋友们，将自己心中的话，娓娓道来。

记得我曾经和大家说过，我笔下的故事，不是童话。所以，结局总免不了伤感。

今天和大家见面的这本书，可以说是我个人的真实写照。书中的男主角，是我深爱过的人。

没有他，就没有今天的林希。

只可惜，如你们所预想的一样，我们没能走到一起。但我仍然希望，他能幸福。

最后，在这里，我想对他说一句话：

许诺，我曾用尽年少时的青春来爱你。往后，我便拿余生的苍生，来忘记你。

会场的门口，林希的照片被制作成海报竖立在两旁。29 岁的林希，脸上依旧洋溢着青春自信的笑容。

在她的右手边，她的新书《我们爱过，我们错过》，在阳光的照耀下，闪闪发光。

二十三　握不紧你的手，是我不对

对不起啊，我曾经深爱过，现在依然深爱着的姑娘。握不紧你的手，是我不对。

01

我出差回到出租屋时，她已经走了。

玄关处，那双粉色棉拖不在了；打开鞋柜，白色的平底帆布鞋、裸色的高跟鞋、黑色长筒靴，所有的鞋子她都带走了；客厅的地板干净得可以倒映出我的模样，看来她是拖完地后才离开的。

脱掉鞋子，把行李箱立在玄关，我走进厨房。冰箱里，从冷藏室到冷冻室，每一层都塞满了东西：水果，蔬菜，还有我最爱的鱼。

她知道我这个人很懒。平时一个人在家的时候，轻易不会出门去买菜，要么吃泡面，要么用冰箱里剩下的菜将就一下。

脱下外套，我取出几颗鸡蛋准备下碗面。十来分钟后，端着已经坨掉的面走到客厅。试了一口，太咸了，盐放多了。

我想起她之前给我做的西红柿鸡蛋面。新鲜可口，怎么吃都不腻。然而她不在了，我却怎么都做不出像她一样的味道。

把面倒进垃圾桶，从冰箱里拿出一罐啤酒，一边喝，一边从客厅走到卧室，再从卧室走到厨房。这间屋子里的每一个角落，似乎都有她存在过的影子。

浴室里，她喜欢的那只蓝色漱口杯还在，它旁边是只粉色的，是我的。当初和她逛宜家的时候，她一眼便看中了这两只杯子。买回家后，她用了蓝色的那只，把粉色的留给我。

她用的洗发水和沐浴液也都还在。浴室里的用品都是她挑的，我负责给钱。不得不说她的品位和我的很相似，她买的东西我都很喜欢。

从浴室到客厅，再到阳台，我一遍又一遍地回忆着她所有的样子。

我努力地搜刮着脑子里零散的记忆碎片，企图拼凑出我们曾经拥有过的那些美好。

02

我们是大四的时候搬进这间出租屋的。

从 2014 年到 2016 年，住了整整两年。

起初跟她说想搬出学校，住到外面时，她很担心。"你不会做饭，卫生也搞不好，怎么照顾自己啊？"她缩在我怀里，眼神里满是担忧与疼惜。

"那你也搬出去和我一起住不就好了？"撩起散落在她耳边的头发，我把头埋在她颈窝处，耐心撩拨着她。

她怕痒，特别是脖子。每次我做错事惹她生气时，想要哄好她，就都会搂着她，把头埋在她颈窝里，还特意用自己的低嗓音在她耳畔呢喃。

每一次只要我这样做，她都会举手投降，原谅我。这个方法对我而言，屡试不爽。

去给她拿行李那天，我带了一大袋零食和水果去犒劳她寝室的另外三个女生。感谢她们这几年对她的照顾。

"把她交给你，我们都很放心。"送我们出门时，她们仨异口同声地对我说。

后来，我用行动践行着她们对我的信任。毕业后的第一年，无论工作再忙，哪怕加班到凌晨，我也会在下班后第一时间赶回家。

情人节，七夕，周年纪念日，这些节日，我都记在日历上，还在手机里设置了闹钟提醒，生怕自己忙起来会忘记。

刚走出象牙塔的头一年，在光怪陆离的大上海，我所拥有的，仅剩她和那间出租屋。

不对，应该说我确切拥有的，只有她。因为那间出租屋，在我交不起房租时，很有可能被赶出去。

即便是这样，我也从未想过要放弃这段感情。我确信自己爱她，也坚信她同样爱我。我想努力工作，想挣更多的钱，也想给她更好的生活。

直到很久之后，我们已经分开了，我才开始慢慢相信这个道理：一个男人，最可悲的莫过于在最无能为力的年纪，遇到了最想照顾一生的女人。

03

说起相遇，那应该是我这辈子做过的最正确的一件事了。

我和她是高中同学，同校不同班。她在文科班，我在理科班。我们俩是学校出了名的"大人物"。因为每次考试，我们俩的名字都会出现在排名单的第一位。

本应是两条互不相交的平行线，却因为一次偶然的机会，让我们变成了两条相交线，并从此相互交集，相互贯通。

记得那天是阴天，中午放学的时候还下了小雨。顶着蒙蒙细雨走到饭堂时，排队买饭的人已经很少了。但轮到我的时候，我搜遍了校服上下所有的口袋，都没找到饭卡。

就在我尴尬到不知所措的时候，站在我身后的女生用自己的饭卡替我刷了钱。我端着饭往回看时，她面带微笑地向我点点头，然后小声说："没事，我先替你刷。"

那顿饭，我吃得极其忐忑与不安。一边是尴尬在作祟，一边是心脏在狂跳。因为她就坐在与我面对面的位置上。

那是高二的第二学期。

自那之后，遇到再隆重的场合，我都没有怯场过。毕竟当年在她面前，我都能从容地吃完一顿饭。

在她面前我都没输，那就更不能输给其他人。

04

我是在高中的最后一年，也就是在高三的时候和她告白的。

那时候还不太懂什么是浪漫，也没有给她什么承诺。只是在机缘巧合之下，跟她说了一句："我想跟你一起吃很多顿饭，我们在一起吧。"

"好。"她一口答应下来，干脆利落。爱憎分明是她的一大优点，恰好我也一样。

那个时候啊，学校不允许学生谈恋爱，说我们那是早恋，会影响学习和身心健康。然而我们却在老师和家长的眼皮子底下悄悄谈了一整年的恋爱。

每次排名单的榜首，是我们给彼此送的最好的礼物。数学题的最后一道题和语文作文的分类与叙述方法，还有英语的语法和应用，是我们讨论得最多最深的话题。

蓝色校服是我们唯一共同拥有的情侣装。《五年高考三年模拟》是我们送给彼此最称心的纪念品。操场的草坪上，是我们最常约会的地方。学校的饭堂，是我们一起吃过最多次饭的地方。

去大学的当天，我送了她三本书：《乖，摸摸头》，《阿弥陀佛，么么哒》和《好吗，好的》。

我们都很喜欢大冰。喜欢他喜欢的民谣，听得最多的是《陪我到可可西里去看海》；喜欢他对生活的态度：请相信，这个世界上真的有人在过着你想要的生活，愿你我即可以朝九晚五，又能够浪迹天涯。

我们都想着以后去丽江旅行，去看看大冰的小屋，现场听听他一边弹着吉他，一边深情地唱：陪我到可可西里去看一看海，不要未来，只要你来。

苍山洱海是我们共同向往的人间天堂，古镇深巷是我们共同憧憬的宁静生活。但奈何，我们都被困在了纸醉金迷的大都市，日复一日地奔波忙碌，年复一年地痛苦挣扎。

此生多勉强，此身越重洋。

05

今天是 2018 年的 3 月 3 号，距离我们分手的时间已经过去了整整一年。

她搬出出租屋后不久，我也搬走了，但没退房，房租还继续在交。我搬到了离公司更近的单人公寓，却也离出租屋更远了。

偶尔的，我还会回去看看。住在我们隔壁的老阿姨还记得她，"小伙子，你女朋友呢？怎么好久没见她过来了？我还以为你们离开上海了呢。"有一次我回去的时候，正好遇上她，她便问我。

"她是离开了，但我还没走。"锁好门，我冲阿姨点点头，然后离开。

她是离开上海，回老家去了。

上火车前，她给我打电话，"对不起对不起对不起！我对不起你。家里给我安排了相亲的人了。"电话里，她一个劲儿地哭。

平时多么倔强的一个人啊，在火车站当着那么多人的面哭，真是难为她了。多想跑到她身边用力抱紧她，替她擦干眼泪，像平时一样哄她说："别哭别哭，我在呢。"

可是隔着屏幕，隔着距离，我抱不到她。

我很平静地接受了她要去跟别人相亲的事实，还装作若无其事地跟她说："要找一个对你好的人，要幸福。"

挂掉她的电话，我把自己锁在办公室里哭了一夜，喝掉了十罐啤酒。

在现实面前，我输了。

06

由于距离和其他的问题，双方父母都强烈反对我们。

尤其是她父母。叔叔阿姨说我一事无成，无法给她幸福。"我们那儿和她同龄的人都结婚生子，孩子都会走路啦！"

这一句话，彻底击碎了我所有的努力。在爱情与亲情之间，她选了后者。在事业和爱情之间，我被迫选了前者。

从高三到大四，再到毕业后的两年，我们爱了七年。七年的时间，走过了各种磨难，却输给了各自的家庭。

　　她去相亲的那天还给我发了消息，说对方条件还不错，有车有房，脾气也挺好。"可是在他身上，我找不到你的影子。"她哭着跟我说。

　　她结婚的那天，是 11 月 27 号。七年前的这一天，我第一次牵起她的手。

　　婚礼前，她打来电话，说自己很紧张，但爸妈很高兴，家里人都很高兴。"我不知道这样对不对，但为了他们，我只能这样了。"她哽咽着继续说，"我很爱你啊，但也只能爱到这里了。"

　　最后，她说她要进礼堂了。如果有来生，我一定不会松开你的手。谢谢你，那么用力地爱过我。

　　十几分钟的通话记录中，都是她在讲，我在听。我捂住了嘴巴，怕她听出来我在哭。我能想象得出来她穿婚纱的模样。

　　只是人潮汹涌，我们终究还是辜负了这场相遇。

07

　　中午在微博上刷到一个话题：那些当初被父母反对的爱情，到后来都怎么样了？

　　从来不在微博留言的我写了一句话：现如今，她成了别人的枕边人。

　　退出微博，我又去了出租屋。但这一次，我是去退房的。把阳台上的多肉搬回公寓，以后就让它与我相伴吧。

　　夜晚的上海滩总是很热闹。凉风裹挟着寒意阵阵袭来，却浇不灭那些手牵手的有情人。走在他们之间，我竟也无多大感慨。

　　之前在游戏里遇到一个小姑娘。她说喜欢那种成熟稳重的大叔型男朋友。我对她说："成人的世界里，并不是只有温柔就可以的了。"

多少人的温柔，都是历经失去挚爱之人后才学会的。

我很久没有她的消息了，不知道她过得好不好。始终觉得对不起她，没能握紧她的手，无法给她幸福。

对不起啊，我曾经深爱过，现在依然深爱着的姑娘。对不起，握不紧你的手，是我不对。

二十四　你别皱眉，我走便是

彼时我才恍然大悟，原来不是我活成了他喜欢的样子就能得到他的喜欢。他喜欢长发，但长发的女生那么多，除了我，还会有别人。

01

前些天朋友给我分享了一个小故事。

故事讲的是男孩第一次和女孩接吻的时候，女孩突然说等一下，然后从包包里拿出三颗糖，问男孩喜欢哪种口味的。

男孩很纳闷，但还是选了一个荔枝味的糖。女孩呢，二话不说就撕开糖果的包装纸，把糖吃了下去，接着一把扯过男孩，亲吻他。

事情结束后，女孩对男孩说："我没有自信能让你一辈子都记得我。既然你喜欢荔枝味的糖，那我只能让你记住我们接吻的味道是荔枝味的。这样，以后你吃到荔枝味的东西都会想起曾经和我接吻的味道。"

后来，男孩和女孩还是分开了。

他们分开后，男孩每次吃到荔枝味的东西都会下意识地想起女孩，而且家里也常备着荔枝味的糖果。

但故事的最后，他们还是没有在一起，男孩也慢慢戒掉了吃糖的习惯。

故事看完，朋友问我有何感想。我说我看到的不是感动，是心酸，是唏嘘。

曾经那么用力地喜欢过你，后来每每想起，都会心酸不已。

朋友说，如果最后男孩还是忘不了女孩怎么办？我说不会的，时间久了，就会慢慢忘记的。

时间是良药，再深的伤口也有愈合结痂的一天。况且，一辈子那么长，他也不会只喜欢她一个人。

02

我很久没有联系他了。最后一次见面是在半年前。

那天晚上，他约我出去吃饭。认识了几年，那是他第一次主动约我。饭桌上，所有的菜都是我喜欢吃的，都是他点的。

"如果没记错的话，这些菜应该都是你平时常吃的。"把盛好的饭和汤都放到我眼前，他还为我夹菜，还把我不爱吃的葱花挑出去。

那顿饭，我吃得很忐忑。他突然间对我这么好，让我一时难以适应。

饭后，他问我想不想去看电影。我说算了，有什么事你就说吧。平时怎么都约不到的人，现在居然会主动来找我，而且一路上都欲言又止的。

"有什么事你就说吧，我已经做好心理准备了。"

他犹豫了许久，才说："我们不合适，就这样吧。"

看着他皱得老深的额头，我只说了一句："好的，我知道了。"

如果让你为难，你别皱眉，我走便是。

03

刚分开的那段时间，我每晚都在公司加班。

每晚加班到凌晨，回到家倒头就睡。周末的时候就强拉着朋友出去吃喝玩乐。我跟自己说只要忙起来我就不会想他了，只要忙起来一切都会过去的。

我努力克制着自己，不让自己有一丝丝空闲的时间去想他，或者想起那些曾经我们很要好的画面。

我不再像从前那样整宿整宿地翻看他的朋友圈，刷他的微博主页，也不再向朋友打听任何与他相关的事情，甚至不再主动给他说早晚安。

我不找他，他绝不会主动联系我，这是我们之间难得的默契。

04

一次偶然的机会，在街上遇见他。

他身边的女生依偎在他肩膀上，及腰长发垂在他手臂上，他满脸宠溺地表情看着她，眼睛里是我从未见过的温柔。

我没有上前跟他们打招呼，只是隔着人群远远地向他点点头，然后转身离去。

回去后，我把头发剪了。留了几年的长发，为他而留的长发，在剪刀十几分钟的咔嚓下无声落地。

彼时我才恍然大悟，原来不是我活成了他喜欢的样子就能得到他的喜欢。他喜欢长发，但长发的女生那么多，除了我，还会有别人。

一如电影里说的那样：今天他喜欢凤梨，但明天后天，他可能会喜欢别的。

05

朋友问我是不是还想着他。

我说："没有啊，早忘了。"

她不相信："你口口声声说你忘了忘了，但时间都过去这么久了，你还是没有走出来。别人追求你，你不接受。遇到自己喜欢的，你自动往后退。"

因为他们身上都没有他的影子啊。看着她一副恨铁不成钢的样子，我没敢把话说出来。

他们是很好，但都不是他。我也很好，唯独做不到让他也像我喜欢他那样喜欢我。

我不得不承认我现在依然放不下他，但我始终相信时间久了，我会放下的，会忘记的。

给时间一点时间，也给自己一点时间。时间长了，说不定连他长什么模样我都会全然忘却的。

再说了，一辈子那么长，我才不会只喜欢他一个人呢。

二十五　我以为我会记住你很久

想不到，事隔经年，你我还能如此心平气和地坐在一起喝茶聊天，像什么事都没发生过一样。

01

凌晨两点多，你给我打电话。

铃声响了很久我才醒。迷糊中看着屏幕上的 11 位数字，没有备注，没有姓名。数字是陌生的，归属地也是陌生的。

正犹豫着要不要接，微信的提示音响起。点进去一看，是好友申请的消息。陌生的头像，陌生的昵称，发来的消息里只有一句话：是我啊。

你是谁？怎么会有我的微信号？你是同一个人吗？先给我打了电话，接着又给我发了好友申请？

微信上，我没有按下接受键，但手机上，我划下了接听键。这么晚了还找我，或许是有什么要紧的事，而且还打了好几回。我这样想着。

"喂？睡了吗？"听到你呼了一口长气，好像是在说，呼，你终于接了。

来不及够着床头柜上的台灯，漆黑的房间里，你的声音在我心头炸开了花。手机险些从手中滑落，我一下子跌坐在地板上。

后来想想，当时真没出息。都过去那么久了，还是对你的一切都那么熟悉又敏感。一听到你的声音，心跳便极速跳动。

"是我啊。"你说。

我还是没有回答你。捂住嘴巴，任凭泪水在黑暗中无声砸落。我知道是你啊，可是这么晚了你还找我干什么呢？不是说好永远都不要再联系的吗？

我都快彻底忘记你了，但是你怎么又回来了？

02

"明天就是最后一天了，能出来见个面吗？"

什么最后一天？你在说什么？我被你搞糊涂了。"什么意思？"我问你。

"今年的最后一天啊。"你好像笑了，我听见了。"你还是和以前一样，还是那么迷糊。"你好像忘了之前的紧张，开始调侃起我来。

和以前一样？我吗？"不，你错了，我早就不是以前的我了。"当初那个我，已经回不去了。

"不说这个了，明天能出来见个面吗？我去你单位接你。"

"嗯，可以。"

"那，我们明天见。"

"好。"

挂断电话后，我去厨房拿了一瓶酒。回到卧室，坐在窗台边，听着窗外的风，一口一口将酒饮尽。

如果酒精能麻痹一个人的神经，那么在这个不眠夜，就让我一醉方休，痛痛快快地醉一次吧。

醉了就不用想那么多，醉了就可以彻底把你忘掉，醉了就能回到从前了。

03

我们是在高二的第一学期认识的。

那时候，你在理科班，我在文科班。两个班的教室刚好挨在一起，而且我们还拥有共同的语文老师。

那是一个很平常的下午。老师正在上课，语文课。"今天，我想和大家说一件事。"讲台上，年轻的女老师笑脸盈盈。

在长达半小时的讲话中，我得知了一个消息：在接下来的一学期中，老师会把两个班的同学的作业还有平时的试卷交换过来批改。也就是说以后很长的一段时间里，理科一班和文科一班，这两个班的同学会有很多交流学习的机会。

大家都举手赞同老师的想法。因为众所周知，在理科一班，那些男同学不仅学习成绩优异，而且一个个都还长得很帅，很酷。

特别是那个每次考试都名列前茅的男生，也就是你。我们班的女生常常提起你，说什么你是难得一遇的男神学霸。

起初我还没怎么留意，直到后来和你有了亲密接触后才发现，观众的眼睛都是雪亮的，尤其是女生看到男生时的眼睛。

第一次与你有交集，是期中的时候。期中考试，你排在理科班的第一名，我排在文科班的榜首。作为文理两个班的代表，我和你站在主席台上领奖。

台上的灯光斜打在你脸上，站在你身边，我转头便看见你脸上细小的茸毛。高出我一个头的你，帮我接过校长手中递过来的奖状，朝我笑了一下。

那一笑，仿佛夜空中的星星，还是最亮的那一颗，照亮了我周边的黑暗。

然而，这一次短暂的交集并没有让你记住我。我也只是忙碌之余的偶然间才会在记忆深处将你捞起。

真正和你说上话，留下联系方式，是在第二学期。

04

那一次，像往常一样，我们两个班交换作业批改。

巧的是，老师发到我手中的是你的作业本。"蒹葭苍苍，白露为霜。所谓伊人，在水一方。"你写错了"苍"字，写成了带三点水的"沧"。

我用红笔圈出来，还把正确的字写在旁边。尽管我写得认真，一笔一画。但和你的字相比，我的真是拿不出手。

那天放学后，你在教室门口等我。"我们一起走吧。"你扬扬手中的作业本，冲我笑。

平日里听到她们谈论的有关于你的高冷，在你身上其实并不存在。"只有走近一个人，真正了解一个人，才知道对方是否真的高冷。"这是你后来和我说的。

从学校回家的路，十五分钟就能走完。但那天晚上，我们走了半小时。一路上，我们都没有讲话，我们只是并肩走了一段路。

"如果不介意的话，我们加个 QQ 吧。"快到我家时，你突然走到我跟前，问我要联系方式。

那是注册 QQ 账号以来，我第一次把号码告诉别人。班上的同学问我要，我都说没有。可是很奇怪，你问我要的时候，我心里竟然有些许小雀跃。

在那之后一直到高中毕业，我们每天都有在 QQ 上聊天。为数不多的好友列表里，你是唯一一个被特殊分组的人，也是唯一一个没有设置空间访客权限的人。

我发了不少说说，还有照片，但点赞留言的人，从来都只有你。其实我也是故意发给你看的，想让你知道我的生活状态。

我不记得你当初是怎么和我告白的了。隐约中你说了我在 QQ 上用来当个性签名的那句话：择一城终老，遇一人白首。

我说出我愿意的时候，你在操场上抱着我转了三圈。

那时的你是最好的你，那时的我也是最好的我。只是很可惜，最好的你我却没能一起相伴走到最后。

05

你把见面的地点约在学校对面的清吧。

那家清吧，我们上大学时经常光顾。每次赶作业，考试要复习，或者有什么庆祝活动，都会在那里。

出门前，我在衣柜里挑了好久的衣服。挑来挑去都不满意，最终还是选了你送给我的那条酒红色及膝长裙。

我好久没有这么隆重地打扮过自己了。平时出门，都是白衬衫加牛仔裤，怎么舒服怎么来。但这一次，从早上起床到中午，我都在考虑要穿哪件衣服去见你，要化怎样的妆才合适。

以前你说喜欢我扎着头发的样子。所以即使知道现在是冬天，外边很冷，但我还是在盒子里找了个发圈把头发扎了起来。

走在马路上，一阵阵寒风吹得我直打哆嗦。特别想把头发放下来，但想想，还是忍住了。

见到我，你很惊讶。蹭一下子从椅子上站起来，还把桌子上的水杯碰倒了。其实我比你更紧张。接完你的电话，我差不多快天亮了才睡着的。

清吧的环境很安静，现在是白天，客人不多。一路上悬着的心随着淡淡的茶香和悠扬的钢琴曲慢慢落下来。都好几年过去了，我以为清吧早已改建，换成其他卖早餐的店铺了。

没想到，它还在。也想不到，事隔经年，你我还能如此心平气和地坐在一起喝茶聊天，像什么事都没发生过一样。

"我后来回学校教书了。"茶喝到一半，你向服务员招手，点餐。

我指指清吧对面的学校，问你："教书？我们学校？"

你点头，笑笑。"今年是第三年了。"把菜单递过来，你看着我。

胡乱点了一份菜，我的思绪全被你搅乱了。我以为你跟她去她那儿了，没想到你回来了，还在我们曾经一起读书的大学里任教。

原来你没走远啊，可是怎么这些年一次都没遇见你呢？明明我们都在同一个地方啊，而且我住的地方离学校也不远。

有时想想，觉得世界真大，明明那么相近的两个人，却无论如何都没能在街头街尾碰上一面。

"你和她……"嚼着嘴里的肉，我问你。憋了那么久，终于还是问出来了。

"分开一年多了。"你还笑着往我碗里夹菜。

"不好意思，我，我……"

"没事，都过去了。"在你眼神里，我看到了无可奈何与无能为力。

原来，得知你过得不幸福，我并没有像当初所想象得那般快乐，反而会为此心疼。

06

这顿饭，我们吃得很沉默。

席间几乎无话可谈，连空气都变得尴尬起来。"今晚准备怎么过？"走出清吧，你送我去坐车。

"哪儿都不去，就在家看看书，听听歌，然后睡觉。"我已经好多年没有出去和朋友一起跨年了，自从和你分开后。

"能不能放下过去，不计前嫌，做回朋友？"上车前，你突然拉住我。

我摇头，把手从你手中抽出，"任何人都可以，但你不行。"

你问为什么？我说没有为什么，就是不行。任何人都行，但你不行。

我的朋友不多，但也不缺你这一个。

07

回家后，你的短信随后而至：我能理解你，但还是要谢谢你。谢谢你，曾经出现在我的生命里，陪我一起走了很长的一段路。

"真庆幸遇见了你，可也遗憾只是遇见了你。"你说了很多。最后一句是：新年快乐，我曾经真心喜欢过的姑娘。

我没有回复你，删掉短信，还有你的号码。见你一面，已算作是对过去告别了。你的祝福我收到了，也祝你新年快乐。

我以为我们互相纠缠很久，可事实却告诉我，连你笑得最好看的样子，我都忘得差不多了。

二十六　要不我们就这样吧

我懂的，千里之外的嘘寒问暖，比不上现实中的一个拥抱。

01

在微信添加好友的搜索栏里输入你的手机号码后，你的头像没有像上次一样出现在我眼前。

删掉手机号，重新输入 QQ 号，你的头像出现了。深蓝色的大海旁，你站在沙滩上，身上的白衬衫被阳光照得透明。背对人群，你的身影单薄而落寞。

点开相册，只看到了十张图。最新的一张是你大年三十那晚发的全家照。你和姐姐一人站在一边，中间是叔叔和阿姨。

唯愿岁月如初，心如故。这是你配的文字。短短的几个字，我呢喃了许久。回过神来，想继续往下看你的动态，却被一条横线挡住了：非朋友最多显示十张照片。

在"添加好友到通讯录"这个选项边徘徊了好久，最终还是没有按下那个绿键。

岁月可以如初，但人心却无法如故。

02

我是大年三十那天早晨才回到家的。

还没来得及等我放下行李，妈妈就把我拉到房间，问我："不是说好要带他回来过年吗？"

回到自己房间，踢掉鞋子，满身疲惫地躺在床上，想好了措辞，我才敢回答妈妈的问话："他家临时有事就先回去了。等明年吧，明年再带他回家。"

"你可不许给我打马虎眼啊。"妈妈帮我把行李放好，然后坐到床上看了我一眼，"其实他不是家里有事，对吗？"她爱怜地摸着我的头发，轻声问。

知女莫若母，我深谙自己是瞒不过她的。"妈妈，我们分手了。"拉上被子盖住头，不敢看妈妈的表情。

原以为她会说很多安慰我的话，然而她只字不提。起身走出卧室时，她只对我说："睡醒后就下楼吃饭，妈妈烧了你最爱吃的菜。"

这就是最爱我的妈妈。她不问我们为什么会分手，也不问我们分手多久了。比起这些，女儿的心情，她更关心。

躺在床上，听着窗外不绝于耳的爆竹声，我在想你回家后的情形。

叔叔阿姨是否会问你为什么没有带女朋友回家过年？因为分手的前一周，你跟我说阿姨知道我的存在了，她还让你带我回去见他们。

你会像我一样如实告诉自己的爸妈，说我们已经分开了，而且分开很久了吗？

如果他们知道了，是否便会急着为你介绍新对象，让你去相亲？如果叔叔阿姨不会，那你们家的亲戚应该会的吧？

就像除夕夜吃年夜饭时，我们家的亲戚一样。他们毫不掩饰想要为我张罗对象的着急与渴望。即使我对此并没有给予他们多大的回应。

饭桌上都是我平时爱吃的菜，妈妈忙活了一天才做好的。看着那些心心念念了许久的吃食，胃口却全无。

如果你在那就好了。如果你在，你会把虾壳剥好了再放进我碗里；如果你在，你会把红烧肉上的肥肉和瘦肉分开，然后再把瘦的那一半夹到我碗里，肥的那一半自己吃掉；如果你在，你会不许我喝酒，因为我对酒精过敏……

如果你在，我就可以把你介绍给亲戚朋友认识，告诉他们："谢谢你们的好意，以后不用再费心为我介绍朋友了，因为我有男朋友啦。"

倘若你在场，我一切安好。

03

你还记得我们是怎么认识的吗？

那是南城一年中最热的季节。

在蝉声不依不饶的夏季里，在那个 7 路公交站的站牌处，背着黑色双肩包，稚气未脱的你，还有那个顶着厚厚的刘海，走路总爱低着头，弓着身子的我。

夏季的南城就像小孩子的脸，上一秒还艳阳高照，下一秒却乌云密布，说变就变。

那时刚准备下车的我，和正急忙上车的你在开车师傅紧急刹车的第一瞬间便撞了个满怀。

我怀里抱的书被你撞飞到地上，还被雨水打湿了全身。你手中的伞被我撞掉在公交车上下车的车门口，被后面陆续下车的人一脚两脚踩满脚印。

等我下车弯腰拾起你的雨伞，你也跑到雨中捡回我的书时，公交车正华丽丽地从我们眼前开走。

"对不起啊，害你没赶上车。"

"不好意思啊，把你的书撞飞了。"

不约而同的两句话，让你我都站在雨中傻笑了起来。初次遇见时的不谋而合，预示了往后在相处时我们合拍的默契。

滂沱大雨中，你撑着伞陪我一起走过站牌，走到学校门口。你不顾自己被雨水淋湿的左半边身子，固执而霸气地把伞全都举在我头顶。

送我回到学校，你还要了我的联系方式，说无论如何都要再买一本新书送给我，当作赔偿。

"那我也撞坏了你雨伞啊。"点开微信，接受了你的好友申请。我抬头看你，却发现你的视线一直落在我身上，没有离开过。

把伞收回来，交到我手中，你转身跑进雨里："伞你先替我保管，下次再来拿。你的书，我借走了。"

走在回寝室的路上，握着你握过的伞柄，感受着你余留的体温，我第一次觉得夏天其实没那么可恶。

回到寝室，换好衣服，我把伞收起来放在阳台上。那天晚上和你结束聊天后，我躺在床上反复循环了很多遍那首歌。

时至今日，每次遇上下雨天，我都会不自觉地哼起那句歌词：最美的不是下雨天，而是和你一起躲过雨的屋檐。

04

你的伞，我一直没有还。你拿走我的那本书，我也一直没问你要。连同那本新书一起，你送了很多书给我。

那些书，我一直放在书架上收藏着。在你不在身边的日子里，每次想你，我都会看书。看完一本，又继续看下一本。看得最多的，是你借走我的那一本：《从你的全世界路过》。

张嘉佳是你我都共同喜欢的作家。我买的书，被你拿走了。你送给我的，我一直珍藏着。电影上映的时候，我们还去影院看过。

你说你心疼猪头，心疼他对燕子不求回报的爱，却也羡慕燕子能被猪头那么深情又卑微地爱着。

我说我最喜欢陈末。喜欢他贱兮兮的样子，喜欢他深情的样子，他所有的模样，我都欣赏。

他看似不正经，却又比谁都渴望爱与被爱。一个人，越不正经，越深情。

和你分开后，我又一个人去看了这部电影。午夜场的影院里，只有寥寥几个人，我坐在最后最右边的位置。

看到十八走后，荔枝生活的每个角落里都充满他的声音与影子时，我在最后一排哭成狗，全然不顾其他人的存在。

看完电影后，我又搜来主题曲一遍又一遍地循环着：从你的全世界路过，把全盛的我都活过。请往前走，不必回头。在终点等你的人，会是我。

那晚趁着酒精的作用，我给你发微信：多希望你就是最后的人。

我在阳台吹着风等了一夜，却始终等不到你的回信。寒风吹散了醉意，却吹不走心头的凉意。

你终究不是那个在终点等我的人。

05

我一直没想明白，我们之间的感情是输给了时间还是输给了距离。

大学两年，工作两年，四年的感情怎么说断就断了呢。我不甘心啊！可是那又能怎样？除了接受，我别无选择啊。

你知道吗？在你准备提分手的当晚，我已经买好车票要去看你了。

我订的是晚上九点钟的火车票，十小时的路程，到你那正好赶上你结束工作的时间。我连你爱吃的零食都买好了呢，都装进行李箱，就差坐上车去到你眼前了。

我都要出门去坐车了，你却打电话过来让我别去了。我说我都买好票了，不去岂不是浪费钱了吗？票又不能退。

你无论如何都不肯让我去。我问及原因，你却支支吾吾，半天不给我解释。

异地恋就是这点不好。隔着屏幕，看不到你的表情。你的一言一行，我只能凭感觉揣测。

生平第一次我感觉自己对爱情是这般的无能为力。那些电影里的狗血情节一帧帧在我眼前划过。质疑和担忧战胜理智涌上心头，"你是不是做了什么对不起我的事？"握紧手机，我小心翼翼问出这句话。

果然，你怒气冲冲地指责我不信任你，怀疑你。却只在下一秒，你冷静下来说："对不起，我不是故意，那天晚上喝多了……"

我突然想起了你之前跟我讲过的和你同部门的一个女生。你夸她乖巧懂事，夸她脾气比我好。

会是她吗？那个经常给你温暖和关怀，比我更懂得体贴的女生？

你忘了吗？我跟你说过我有感情洁癖。如果我的东西被别人惦记上了，或者已经被玷污了，那么即使我再喜欢，我都不要了。

我跟你讲过的啊，你怎么老是记不住呢？可能在你心里，远在千里之外的我，比不上那个近在咫尺的她吧。

我懂的，千里之外的嘘寒问暖，比不上现实中的一个拥抱。

06

你放心吧，我不会告诉别人我们真正分开的原因。就当我看错了人，付错了情，爱错了人吧。

你也不用觉得对不起我。感情没有对错，只有爱与不爱。深爱的时候，别保留；分开的时候，别挽留。

这个道理，我懂，我也做到了。

电影里的稻城亚丁我们是去不了。今年的春节我也无法陪你一起回家了。

但还是要谢谢你啊。谢谢你，从我的全世界路过。

07

分手是你提出来的，当时我不肯答应。

但现在，我想通了，我们就这样吧。

愿你的故事细水长流，也祝我的孤独择日而终。

二十七　我没忘记，但我放下了

我想去参加她的婚礼，我不会在婚礼现场闹，不会让她难堪，但我想看着她幸福。

01

收到她发来的短信时，我正准备过安检。

站在我身后的小姑娘催我："这位先生，到你啦。"看着她满脸笑容洋溢的模样，我心里挺羡慕的。

想必她正赶着去见自己喜欢的人吧。如果不是这样，那她要去见的人，对她而言应该也是很重要的。

看着小姑娘的马尾辫在脑后晃来晃去的，我一下子就想起了她。曾几何时，她也如这小姑娘一样，扎着高高的马尾，穿着一袭小碎花连身裙，脚下是一双刷得发白的平底帆布鞋。

那个时候，她总是喜欢缠着我，双手搂着我脖子，要我给她亲亲。她比我矮一些，每次想让我亲她的时候都会踮起脚尖。

我有时会故意不低下身子，直到她嚷嚷着说我不爱她时，我才弓下身与她持平，然后搂着她的腰，把她圈进怀里。

她个子小小的，整个人都小小的。圈着她，很暖，很舒服，就仿佛整个世界都被抱在怀里似的。她偶尔也会恶作剧，像只小猫咪一样用爪子挠我痒痒。

她知道我怕痒，特别是腰围部分。每次我惹她生气时，她都很用力挠我，直至我举手投降认错后，她才说："让你欺负我！哼！"

她生气时很可爱啊，总喜欢把脸嘟起来。肉肉的脸颊上，两只大眼睛还故意睁得很大，目光也直视着我。

转身离开机场，顶着漆黑的夜幕，我又往酒店的方向走去。一路上，她的各种模样又一次浮现在我眼前。

她大笑时响亮的声音；受委屈时涨红的双眼；生气时鼓起来的脸；还有她吃东西时总爱把嘴巴塞满才满意的样子。

尽管分开了这么多年，但她所有的样子，我都没有忘。就像《东邪西毒》里说的那样：

当你不可以再拥有时，你唯一可以做的，就是让自己不要忘记。

02

短信上，她说她要结婚了。

新郎是谁，婚礼在哪里举办，有谁去参加，这些她都没说。"下周一我要结婚了，如果你有空就来吧。"这是短信的所有内容。

机票我退了，安检我不进了，公司我请假了。我想去参加她的婚礼，不为别的，我就想看着她幸福。

我不会在婚礼现场闹，不会让她难堪，但我想看着她幸福。

我想看着她挽着叔叔的手，走过红地毯，然后在所有人的祝福下，再挽过他的手，与他许下共度一生的誓言。

我比世上任何人都期望她能幸福，但一想到这份幸福没有我的份，心里还是会很难过。

记忆中，我们也曾执手互赠承诺，许下余生要一起度过的诺言。

奈何时过境迁后，她已经牵了别人的手，徒留我一人在寒风中抱着回忆沉沦。

"如果我以后嫁的人不是你，那你最好不要来参加我的婚礼，我怕自己会忍不住想要跟你走。"

"如果我以后娶的人不是你，我希望在我看不到的地方，你能永远幸福，带着我的祝福一起。"

这是我们当初在海边一起埋进漂流瓶里的心愿。七年了，几千个日夜，我一刻都未曾忘怀。

有时候会不禁感慨，人这一生，到底要经历多少的离别与生死，才能学会爱与珍惜。

当我回头想挽留时，她已经离开我很久了。

03

说起相遇，用"人生若只如初见"这句话来形容我和她再适合不过了。

七年前的九月份，我作为转校生第一次踏进有她在的那个班级：高二文科重点班。

我还是从理科转为文科的转校生。在男生和女生1：5的文科班里，因为成绩的排名，我被安排与她同坐。

她是班长，也是英语课代表。和她同桌的两年，除了语文和英语，其他的科目我都考得比她好。

在一次班会课上，那个很招人喜欢的女老师突然决定要让她给我补习英语。我还没来得及消化这天大的消息，老师便一锤定音，说让我们俩以后要互帮互助，互相进步。

表面上大家看到的是我错愕的表情，但暗地里我却因为高兴而差点儿捏碎了抽屉里她送给我的生日礼物：一只很可爱的小型瓷娃娃。

那是我十八岁生日时她送的。现在，这只娃娃被我当成钥匙挂串在钥匙扣上。

我走到哪儿，它跟到哪儿。就像她一直都在我身边陪着我，从未离开过一样。

04

高中和她同桌的两年，最开心的事情不是每次考试排名都第一，而是每次当她低头写作业或者认真给我讲英语时，我都会偷偷把手放到她背后，然后抓起她的头发圈在手指上玩。

她发质很好，头发又柔又顺，用的洗发水也很香，比我身上的肥皂味还香。每次她俯身趴在课桌上休息时，我都会偷偷闻她的头发。

她平日里总是喜欢连名带姓地喊我，很少会叫我"××同学"。而我对她的称呼更是欠揍，总爱叫她"喂"。

后来，她给我的微信备注是"猪先生"，我给她的是"猪小姐"。因为我们俩同岁，而我只大她两个月。

"以后我们要是生一个猪宝宝，那全家都是猪啦。哈哈哈哈哈。"

在我们曾经一起生活过三年的出租屋的阳台上，我坐在藤椅里，她坐在我怀里，我们一起憧憬着未来的幸福生活。

我们都喜欢女儿，但她想生两个。"先生男孩吧，这样哥哥就可以保护妹妹了。"她把小手从背后伸进我衣服里取暖。

每到冬天，她都会这样。要不是手，要不是脚，手脚一起也是常有的事。

我说生一个就好了，两个的话太累了。她说不行，就要生两个。"我都想好了，先生男孩，再生女孩。"她一手往嘴里塞着草莓，一手放在我肚子上暖手。

直到我们分开很久之后，我都没有告诉她，其实生男孩还是女孩，不是由我们说了算的。

但我想她应该是知道的。毕竟当初她的生物学得还不错，虽然比起我还是差了那么一点。

分手的那天，她竟然没有哭。"我知道你是爱我的。从前爱过，现在依然爱着。"她踮起脚尖抱了我一起，继续说，"但是啊，事实证明，并不是所有相爱深爱的人都能走到最后的。"

火车的轰鸣声响起时，她快速在我嘴边落下一吻，说："爱过你，我不后悔。"

看着她背着我给她买的书包坐上火车消失在我的视线里，我第一次在大庭广众之下，不顾周围人的眼光，号啕大哭。

那一瞬间，火车带走的不仅是我的爱人，连同我的负担与摇曳，还有我的铠甲与软肋，都一并带走了。

05

分手是她提的，我只说了一声好。

我们分手不是因为不爱了，也不是因为彼此有了新欢。没有背叛，没有争吵，没有脸红耳赤的吵架。

她只是说："亲爱的，我累了，我走不动了。"

她说她受不了她被大姨妈折磨得死去活来时我却在外边加班应酬。她说受不了情人节的时候，别人都有男朋友陪着，而她却一个人被留在公司赶设计稿。她说她无法忍受别人的男朋友一个电话就能赶到，而她却抱着手机等了我一个通宵，夜不成寐。

"我真的累了。"她说。

那是在上一年大年初二的晚上。一顿饭，一场电影，两杯我们共同喜欢的奶茶。吃完饭，看完电影，喝完奶茶，我们就分手了。

她没有让我送她去车站。在我们经常去的那家奶茶店门口，她往南走，我往北走。

寒风彻骨的冬夜里，雪花还在飘着，我们就那样一南一北，各自分别，各自走远。

跋涉千里的告别，都在最初和最后的雪夜。

06

分开的这一年里，她的生活过得丰富多彩。

她经常一个人去国外旅游，还学会了游泳和滑雪。朋友圈的动态里，她经常发那些她在菜谱上学来的各种菜式。

以前和我在一起时，她从没下过厨。不是她不肯，是我不让。在我看来，厨房是很危险的地方，她那么小小一个的，我不忍心。

她很少出去参加聚会了，总是一个人待着，或看书，或学习。我记得上一年她发的最后一条朋友圈是一张她学习英语的笔记图，配字是：

先把自己变得更优秀，然后再遇见同样优秀的人吧。

我多想告诉她，我现在也很优秀啊，可是我已经失去你了。

年前在家整理东西时，发现她高中时送我的英语词典还在。我拿出来拍掉上面的灰尘，随手翻了起来。词典里夹着书签，书签是她自己做的，很精致，上面有她写的一句英文：

Love is a touch and yet not a touch。

那时候我英语差，不理解。现在我读懂了：爱，是想触碰又收回手。

07

回到酒店，她的短信又进来了。

"想了想，你还是别来了吧。"短信的最后，她说她会努力让自己幸福的，带着我的祝福一起。

不去也好，只要她幸福就够了。

躺在床上，我一遍又一遍回忆着我们之间发生过的点点滴滴。如她当初所言，我相信曾经的我们，是真的彼此深爱过。

其实在回酒店的路上，我已经对过往的一切都释怀了，也放下了，但那些逝去的美好，我始终未曾忘记过。

但还是要祝她幸福，即使这幸福与我无关，不是我给的。

二十八 后来，我再也学不会主动了

走吧，有些等待，只是一厢情愿。灯火已阑珊，归途上，只有你自己，人家都没留你吃饭，再不回去就晚了。

01

之前在微博上看到过一个话题，是男生问女生的：你们真的不喜欢主动吗？即便很在乎？

有的女生说：宁愿错过也不会主动，哪怕很在乎。

也有女生说：会啊，对于喜欢的人就很主动。

最底下的一个女生说：主动过，累过，后来再也学不会了。

把所有留言都看一遍，再回头翻看另一个问题，是女生问男生的：对于主动的女生，你们怎么看？

很多男生都说不大喜欢主动的女生，因为如果是自己喜欢的，用不着对方主动。但也有一些男生说喜欢，因为觉得主动的女生很可爱，很勇敢。

刷完底下的评论，这一次，我没有留言，但给一句话点了个赞：主动过，但累了，后来就再也学不会了。

02

前些天和一位大叔聊天。

他开玩笑说："怎么你们现在这些90后都这么主动的吗？"

我问他："何以见得？"

他回："我之前在榜姐那儿留下自己的微信号，然后那一整天都有很多人来加我微信。"

我说："那不是挺好的吗？你都快成'油腻大叔'了，还有人来撩你。"

他笑笑，说："你听过那个故事吗？灯泡灭了，我仔细检查了下，钨丝并没有断。我重新按下开关，灯泡闪了两下又灭了。我问，你怎么了，不开心吗？灯泡回答，等会儿，有个蛾子在窗外看我好久了。我说，那不挺好，有人看得上你。灯泡说，我不是火，别让她看错了，误了人一辈子。"

我说："我听过啊，还反复看了好几遍呢。"然后他问我："那你呢？怎么不见你主动？"

我被问住了，愣在那里许久，不知道怎么回答他。他见我一时沉默了，便扯开话题聊别的。

聊天结束时，我跟他说："其实我也主动过，在很早以前。"

03

大概是认识他之后半年多的样子吧。

我给他写了一封信，确切地说是情书。信中，我说自己如何如何喜欢他，说他哪里哪里吸引我，说我们多合拍，多相似。

收到信的那天，他却没有回复我。要知道，平时我们聊天的时候，他几乎都是秒回的。但那次，他破天荒地晾了我两天。

整整两天没有理我。

两天后，他借口说自己临时出差，都在路上，没空看手机。

直到我们没有联系之后的很长一段时间，我才渐渐意识到：其实那会儿他不是忙，只是不喜欢我，而且对于我的主动也不知该如何拒绝罢了。

想想那时候，我天天摸着时间给他说早晚安。他上班的时候，我就很识趣地不找他，不给他添麻烦。他一下班，就立马给他发短信打电话。

桌子上那一沓手写的早晚安见证过我对他的主动。微信界面上，蓝色框里一大段一大段的话也知道我有多主动。

他所在之地的天气预报，他所住之处到单位的距离，他的喜好与厌恶，甚至是他喜欢哪个牌子的衬衫，喜欢白衬衫多一点，还是蓝衬衫多一点。

这些与他有关的事情，我都知道。

我们最后一次联系的时候，也是我第三次向他表白的时候。我问他："你是不是觉得我太主动了？把你吓跑了？"

他可能是怕我伤心吧，犹豫了很久才回我："我不是那个意思，就是不习惯这样。"

我没有戳穿他，只是不再像从前那般频繁地主动找他了。直到后来，我们彻底断了联系，他身边有了别人，而我依旧孑然一身，独自在人海中流浪。

人潮汹涌，我没能握紧他的手。

04

"就是因为这个，你就把自己锁起来了？"大叔问我。

我说是啊。毕竟，我主动过了，但怕了，也累了。我害怕当自己鼓起勇气再说出"我喜欢你"这句话时，对方会说"不好意思啊，我不喜欢你"，或者是"我只把你当朋友啊"。

我可以主动，也不害怕付出，但我怕自己一厢情愿的结果会是输得一塌糊涂。

所以后来，哪怕遇到再令自己心动的人，我都会努力克制自己，甚至警告自己：千万不要越界，不然到最后，连朋友都当不成。

"当你到了我这个年纪，你就会知道，不够勇敢会给自己带来多少后悔和遗憾的。"

聊天的最后，大叔语重心长地对我说。

"就是为了避免结束，我才拒绝了一切的开始啊。"发出这句话后，我删掉了他。

05

合上书，点开前段时间特别喜欢的一个人的微信。

距离我们上次说话，已经过去一个月了。是该发"好久不见，近来可好?"还是该问"嘿，有没有想我?"

算了，太遥远的人，还是不要去触碰了，也碰不到。

退出聊天界面，想起书中的一段话：走吧，有些等待，只是一厢情愿。灯火已阑珊，归途上，只有你自己，人家都没留你吃饭，再不回去就晚了。

走吧，起风了，灯火昏黄，再不回去就晚了。

二十九　熬夜和想你，我都会戒掉的

然而我明白，黑夜不可以永远，无声的思念过后，我还是要回到没有他的生活中去。

01

我昨天去看他了。

从我住的地方到他住的地方，两个小时的车程。我订的是早上八点的车票，到他那儿是十点多。

他不在家，出差了。我没有提前跟他说我会去看他，他也没有像从前那样，每次出差都会把备用钥匙放在门口的鞋垫下。还好我当初没把钥匙还给他，不然连他的家门都进不去。

我带了自己做的菜，红烧茄子，排骨汤，还有一份油焖青菜，都是他爱吃的。他不在家，我一个人也没吃，就都用保鲜膜包好放进冰箱了。

等他出差回来就有现成的可以吃，不用叫外卖了。他肠胃不好，但又不会做饭，最多只会下个面。以前我们住在一起的时候，几乎每天都是我下厨。

他嘴挑得很，很多东西都不吃。平时为了让他吃得健康，且不挑食，我时常向老妈偷师，缠着她把自己平生所学的厨艺都教给我。

好在他虽然嘴刁，但我做的菜他还挺给面子，每顿饭都吃得很香。

书上说，喜欢一个人就是想和他一起吃很多很多顿饭。你洗的每颗菜，淘的每粒米，甚至每翻动一次铲子，都是为了他。

当爱情融入柴米油盐酱醋茶这些生活琐事中，两个人依旧相看两不厌，依然认定彼此就是自己想一生相伴的人，这样的爱情，要比那些你浓我浓时的甜言蜜语来得真诚可贵。

这样的爱情，我曾经也拥有过。

02

在他家稍做停留，帮他收拾好屋子后，我便回去了。

临走前，我给他打电话，说我来过他家，现在要走了。他说怎么不提前告诉他一声，好让他有个准备。

在路上，他给我发微信，问我有没有给阳台上的多肉浇水，他出门时太匆忙，忘记了。

我说："没有，我没注意到阳台上有盆栽。"其实我看到了，有两盆，都长得很好，叶子胖胖的，看着挺可爱的，

"你走后不久就养了，有两盆。"他说。

我有些意外。平时那么粗心大意的一个人，连自己的衣服放在沙发上还是衣柜里都需要我提醒，却在我走后养了植物。

"看着它们，我总会下意识就想起你。"嘈杂的公交车上，他的声音低沉温润，一字一句都深入我心。

听到他发来的语音，全身上下的血液都在沸腾叫嚣着，它们似是在叫我回去找他：回去吧！回去吧！

我也想调头回去啊！可是车子已经启动了，而且他不在家。他不在，我回去，意义何在？

况且这一次，我是来跟他告别的。离开的时候我已经把钥匙放在鞋垫下，还回去给他了。

从今往后，我和他，也不过就像千千万万生活在同一座城市，却永远不会相遇相识的陌生人罢了。

就像歌词里说的一样：当初我自云云人海中独独看到你，如今再把你好好地还回人海里去。

明天的路，你不要怕。我走了。

03

昨天从他那儿回来后，我又一个人去看了电影。

这部电影未上映前，我们本来说好要一起去看的。奈何电影还没开播，我们就已经走散了，分手了。

屏幕上，杨子珊饰演的如意和赵又廷饰演的富春在南极上演了一场人间绝恋。

电影剧情一帧帧往后推，让我印象最深的一幕是在小木屋里，如意跟富春讲那个"相濡以沫"的故事。

两条鱼被困住了，互相用口水滋润着对方。与其这样，不如回到江河里，忘了对方，寻找各自的幸福去。

相濡以沫，不如相忘于江湖。

富春说庄子兄弟说反了，相忘于江湖，不如相濡以沫。

他说无论环境是好是坏，无论是富贵是贫贱，无论健康还是疾病，无论你变成什么样，我都会爱着你，直到死亡将我们分开。

茫茫雪海前，她却说我不愿意。她说我喜欢这里，但是我身边没有你的位置。

电影结束后，如意念的那首诗一直在我耳边徘徊。

当我安息时，我愿你活着，我等着你。

愿你的耳朵继续将风儿倾听，

闻着我们共同爱过的大海的芬芳。

04

走出影院，我去了几个之前我们常去的地方。回到家，已是晚上了。

他发来消息说："已经回来了，刚到家。我回了老家一趟，家里给我安排了相亲对象。"隔着屏幕，我都能感觉到他说出这句话时的挣扎与无奈。

我没有责怪他，也没有安慰他。"饭在冰箱里，热热就可以吃了。"说完，我退出了微信。

我不怪他去和别人相亲，毕竟我们已经分开了，只是觉得很心疼。骄傲如他，也不得不在现实面前低下头。

只因人在风中，聚散不由彼此。

睡觉前他打电话过来，问我下次什么时候去看他。我说："今天是最后一次了，以后都不会去了，钥匙我已经放在门口的鞋垫下了。"

他叹了口气，说："好，我知道了。"

我让他最后再给我唱一首歌，唱完，他说一句晚安，便挂掉了电话。

我还没来得及说一声再见，就再也听不到他的声音了。

躺在床上，我一遍又一遍地回忆着我们之间发生过的所有事情。从初遇时的不欢而散，到再见时地慢慢融合，再到后来的相知相伴。

一切看上去都那么美好，却也那么短暂，稍纵即逝。

05

我好像做了一个梦。

梦中，我穿着洁白的婚纱，他穿着笔挺的燕尾服。他从爸爸手中接过我，为我戴上戒指，还说要一辈子疼爱我，照顾我，不让我受半点委屈。

我挽着他去给来宾敬酒，每走一步，心里的幸福就多一分。

梦醒时分，枕头已被泪水打湿了一大片。看一眼时间，凌晨两点，离天亮尚早。想继续重温一下梦中的情节，却辗转反侧，一夜无眠。

这个梦很短，但足以让我完成在现实生活中无法实现的心愿。至少在梦里，我们是相濡以沫的，而不是相忘于江湖。

也只有在深夜里，我才敢放纵自己，才敢毫无顾忌地疯狂想念他。然而我也明白，黑夜不可以永远，无声的思念过后，我还是要回到没有他的生活中去。

他有自己的路要走，我也要继续自己脚下的路。无法相拥的人，要好好道别。

三十　多少黑名单，曾经互道晚安

曾经，我们不分昼夜，天南海北地瞎扯。现在，我们各自有了自己的生活，互不干涉，互不打扰。

01

刷微博的时候看到一个热门话题：从最初没日没夜地聊天，到后来的沉默无语，是什么感觉。

我觉得这个话题像是专门为我而出的一样，在评论区噼里啪啦敲下一大段话。但消息显示发送成功后，又迅速删掉。心里在想，唉，算了吧，我说得再多，他也不会看见。

删掉留言，把网友的评论刷一圈，各种回答五花八门，但似乎每个人的感受都是差不多一样的。

等待消息的人都一样傻，不回消息的人都一样欠揍。

评论区里有将近一万条留言。有人说：每天都在期待，但不知道在期待什么。也有人说：从特别分组到大众分组，特别备注到全名，从无话不谈到无话可说，最后害怕我的问好都会变成对你的打扰。

曾经，我们不分昼夜，天南海北地瞎扯。现在，我们各自有了自己的生活，互不干涉，互不打扰。

岁月吞噬了细节，偶尔想起从前，也只是草草而过。

02

中午的时候，他给我发短信。

今天突然有种预感，你已经删了我。原本想和你说今天是立夏，记得吃颗茶叶蛋，但消息发出去后跳出来的红色感叹号赤裸裸地警告我：对方已不是您好友。

看到短信时，我正在犹豫要不要给他打电话。昨晚也才和朋友说起他。朋友是我们俩的共同好友。我问朋友他最近怎么样？有没有找她？

朋友说没有。我说我也好久没有联系他了。好像自认识以来，第一次这么长时间没有和他说话，而且他可能都不知道我删了他。

他发来的短信有两条。第二条里，他说：就像你文中写的那样，如果快乐太难，那祝你平安。

看着这句话，眼泪差点掉下来，刚咧开的嘴角上，笑容瞬间凝固。

原以为离开了那些人与事之后，自己会过得很开心，却不曾想，一句简单的话语便可顷刻间击碎所有伪装的快乐。

让眼泪决堤而出。

03

打开记事本，找到他的微信号，在搜索栏里输入那一串熟悉的数字，再次成为他的好友。

为了不让场面尴尬，我厚着脸皮问他：你有没有想我？

他反问我：你这是第几次删我了？

对话框里的"我很想你"还没来得及发送，又继续追问他：你先回答我，你有没有想我？

他秒回：想想想。如果不想就不会回去找你了。想知道你现在过得好不好。

互相寒暄几句后，我接着问：你说我们还能回到以前那样吗？

他说：回不去了吧。

我问：为什么？我不是回来了吗？我没走远啊。

他沉默。为了不让他察觉出我的情绪，我打着哈哈，说：也是哈。我们才十天没联系就陌生了。他们中间隔了十年，怎么可能还回得去呢？

十年啊，不是十天，也不是十个月，是春夏秋冬四季来回更替了十个年头啊。

04

最后，以他要去吃午饭，我有事为由结束了这场对话。

我试图在相框里找出点滴以前和他有关的记录：照片、聊天记录截图、视频通话的时间，或者我给他唱过的歌的截图。

几百张照片里，我来回看了几遍都没有找到一张与他有关的。翻着本子上我们刚相识时的日期，才后知后觉：原来在很早之前，所有与他相关的一切，都悉数被我删掉了。

《后来的我们》里，林爸爸在最后给小晓写的信中说道：缘分这东西，不负对方就好。想要不负此生，太难。

陈奕迅在《最佳损友》里唱道：来年陌生的，是昨日最亲的某某。

微博话题的留言里还有的人说：现在回头翻看我们的聊天记录，会禁不住感慨，原来我们曾经也那么要好过。

是啊，曾几何时，我们天天互道早晚安，乐此不疲。后来，我们连对方的朋友圈都进不去。甚至渐渐的，连消息都发不出去了。

你看，从相识到相知再到相分相离，好像也不过就是一个转身的时间与距离罢了。

05

朋友问我："是不是很后悔？"

我说不后悔，但觉得很遗憾。曾经我们那么要好，无话不说，没有秘密。现在，我们无话可说，一句简单的问候都要斟酌许久才敢说出口。

朋友说："抱抱，没事的。"

嗯，没事的。往后不过是微信的好友列表里又多了一个熟悉的陌生人罢了。

三十一　听别人的歌，留自己的泪

这些年，她看电影时会买两张票；吃饭时会找双人座。她总想着万一他会突然出现呢？可事实上，一直以来，她都是一个人。

01

秋末冬初的季节，小城迎来了冬季的第一场雪。

结束晚班后的林伊，正走在回家的路上。

入夜后的街道，空无一人。好在林伊住的地方，离医院不远，几分钟即可到达。

林伊是一名医生。她热爱这份工作。在同事和病人家属眼里，林伊勤快，待人和善。大家都很喜欢她。

原本医院是有为她安排住宿的。但林伊喜静，便索性自己在医院附近找房子住。

恍惚间，她已经在这座城市待了五年了。五年，近两千多个日日夜夜。

原以为，离开家乡，逃到异乡，便可将他淡忘。殊不知，即便时光荏苒，烙在心上的人，却依旧割舍不下。

走在马路上，从背包里掏出手机，塞上耳机，林伊张开双手，单脚撑地，一路蹦蹦跳跳。

我们只是共享了几个故事，

对你来说也许是平凡小事，

说出的字，一秒就成了历史，

我只想紧抓着不让它流逝，

我们其实才是最适合彼此，

多想让你知道我此刻心事。

……

歌声缓缓从耳机传出，歌词一字一句，像利刃一般，划过林伊的心头。

深深浅浅，字字锥心。

我们其实才是最适合彼此。你比我自己还要懂我。伊伊，能遇见你，是我这辈子最大的幸运了。伊伊，我以后定不负你。

这样的承诺，他常说。这样的甜言蜜语，她常听。

那时候的他们，都以为彼此会是对方携手一生的伴侣。那时候的他们，憧憬爱情，爱得轰轰烈烈。

可他们都忘了，校园里的纯真感情，抵不过社会现实的残酷。

承诺太美，终究是因为他们太年轻了。

02

大学里，林伊学的是医学，陆远学的是设计。面对读研和工作，他们都选了后者。

一室一厅的小小出租屋，是他们在陌生的城市里，唯一的归宿。

房子虽小，但林伊却视若珍宝。

卧室的床，客厅的地板，厨房的用具，都由她精挑细选。

陆远喜欢蓝色，林伊便把睡房的墙壁，全粉刷成海蓝色。陆远吃不惯公司的伙食，林伊便每天都在下班后，匆忙跑往菜市场购买食材，回家做饭。

有时候结束了一天的工作，已经累到不想动了。但一想起在吃外卖，或者到外边的餐馆吃饭时，陆远高皱的眉头，林伊只能无奈摇摇头，默默赶车去买菜。

"陆远，你说你嘴这么刁，谁能伺候的了你啊？"

"不是有你嘛，傻。"

"唉，也就我这苦命女子，每天下班回来还得像个保姆一样累死累活的。"

"伊伊，辛苦你了。你放心，等将来我工作稳定了，保证让你享清福。"

"哈哈，我开玩笑的呢。能为你洗衣做饭，是一件很幸福的事情。我很乐意，陆远。"

只要你开心，再苦再累，我都愿意。看着眼前的人，林伊眉目温柔。

日子过得是拮据了些，但陆远从没亏待过她。他们在一起的这几年，每个节日，纪念日，陆远都会费尽心思给林伊准备礼物。

林伊偏爱紫色，喜欢裙子，爱吃蛋糕。因而，每到她的生日，陆远都会送她一件紫色裙子。

及膝长裙，窈窕佳人，皆为陆远心中所爱。

林伊还喜欢听歌，她最欣赏的歌手是薛之谦。陆远对他也赞赏有加，喜她所喜。

　　在学校的时候，寝室东边的情侣路，常有他们坐在石凳上，一人一只耳塞，共享一首歌的身影。

　　陆远的歌单里，除了周杰伦，最多的要数薛之谦。而林伊的曲库里，只有薛之谦。

　　那个时候，薛之谦还没有现在这么有名。但他的每首歌，林伊都极爱。

　　从《认真的雪》《黄色枫叶》《方圆几里》到《意外》《你还要我怎样》《绅士》。每一首听过的，歌词都被林伊刻在脑海里。

　　"我是一个俗人，没有太大的理想和抱负。从小到大，很多东西，我也懒得去和别人争。因为我知道，真正属于我的，别人抢不走。那些能被抢走的，从来都不属于我。

　　但直到遇见你，我有了贪念，有了奢望。此生，我有两个心愿。一是能和你携手白头，二是在有生之年，能去听薛之谦的演唱会。

　　若是这两个心愿你都能满足我，那我们就在一起。"

　　在陆远捧着满天星，单膝跪地向林伊表白时，她捂住了自己的耳朵，不去听旁人的起哄，只遵从自己的心。

　　她要的不多，一个知心爱人，一个前进的动力。这两样，足矣。

　　"第一个条件，我用时间和行动来证明。第二个嘛，我以后会努力挣钱，我们一起去听演唱会。"

　　听到陆远的回答，林伊伸手接过他怀里的满天星，拉起他的手一路跑到操场。

　　躺在草地上，右手抱着花，左手被陆远紧握在手里。那一刻，林伊是幸福的，满足的。

　　陆远也如他当初承诺的一样，用实际行动证明着他对林伊的爱。

在一起的几年里，他们没红过脸，没争吵过。他们有很多共同的兴趣爱好：看书，听歌，旅行。

刚在一起不久后，林伊的第一个生日，陆远送了她三本书。这三本书，都是同一个作者写的。这个作者，名叫大冰，是一位酷爱民谣，喜欢到处行走的写书人。

在《乖，摸摸头》一书中，林伊最喜欢大冰说过的一句话是：请相信，这个世界上真的有人过着你想要的生活。忽晴忽雨的江湖，祝你有梦为马，随处可栖。

大四毕业时，林伊用自己兼职的钱，买了两张火车票，和陆远去了一趟云南。

说走就走的旅行，向来是林伊心中所盼望的。

他们在云南待了十天。旅行的第一站是苍山洱海，最后一站是大冰的小屋。

在洱海边，陆远弹着吉他，哼着大冰的民谣《陪我到可可西里去看海》。林伊身着碎花长裙，及腰长发和裙摆在晚风中飞扬。

伊人如斯，动人心魂。

"现在我们是在洱海，你怎么唱的是可可西里？"走到陆远身旁，林伊轻声笑道。

"不喜欢，嗯？"放下吉他，陆远一把捉住林伊的手，把她揽入怀抱。

"喜欢喜欢，只要是你唱的，我都喜欢。"把玩着陆远的手指，林伊摇身变成他的小迷妹。

以后一定会带你去可可西里的，伊伊。抚弄着林伊的秀发，陆远暗自发誓。

海风迎面吹拂而来，林伊踮起脚尖，趁着陆远不注意，偷偷在他右脸烙下轻轻一吻。

最后一抹残阳的余晖中，林伊和陆远的身影，投射到地面上，相依相偎。

03

离开之前，他们去了大冰的小屋。

在火塘边，林伊见到了大冰在书中的好友：老兵。果真如书中所述，高高瘦瘦的。在小屋坐了一个小时，听老兵讲了几个小故事，说了几则笑话，还喝了大冰亲手倒的酒。

起身告辞时，林伊凑到大冰跟前，跟他说了一句话："陪我来的这个人，是我男朋友。希望下次再见时，可以请你喝喜酒。"

"小姑娘，祝你幸福，等着你来请我喝酒。"临走前，大冰在林伊带来的书上，签了名，还附上一声祝福。

带着对生活的热情，还有对未来的期待，林伊和陆远两人，走出了象牙塔，走上了社会。

林伊学的是医学专业，毕业后的她，顺利在一家医院当起了医助。而陆远呢，在家待命了将近一年的时间，才找到工作。

他学的是设计，专业不错，但技术不到家。一般的公司，他看不上。那些知名公司，他的才华配不上。

低不成，高不就。一拖再拖，转眼便一年。

没有工作，他心里也不好受。打游戏，抽烟，喝酒，甚至夜不归宿，都是家常便饭。

一年里所有的花费开销，全靠林伊一个人扛。仅凭她那点单薄的薪水，想要支撑起一个家，谈何容易。

为了让陆远能全身心地去找工作，不要有负担，林伊常常在下班后去兼职赚外快。

一年下来，脸上的胶原蛋白早已消磨殆尽。体重下降，黑眼圈一天胜似一天严重。

再忍忍吧，再坚持坚持吧。等他找到工作就好了。在多少个累到想哭的深夜，林伊总是这样安慰自己。

再坚持一下下就好了。等陆远找到工作，就可以不用去兼职了。林伊，你是最棒的！

可笑的是，最棒的林伊，最终还是失去了陆远，输掉了所有。

04

"伊伊，我有话想和你说。"大年三十那天晚上，还在医院值班的林伊，接到了陆远的电话。

一年过去了，陆远依然没有工作。他的颓废，堕落，还有不甘，林伊都看在眼里。

她能做的，就是尽自己最大的能力，撑起这个小家，护他衣食无忧。

所以她每天都很忙。忙着上班，忙着兼职。就像今天一样，都大年三十了，她还在医院加班。

"嗯，陆远啊，这会我正忙着呢。等回家后，我们再说，好吗？"吞掉最后一口饭，林伊准备挂电话。

"等我说完你再忙吧，就一句话。"电话那头的陆远，声音有些疲惫。

"那好，你说，我听着。"放下筷子，林伊撩起散落在耳边的头发。

"我们分手吧。"停顿了好一会儿，像是鼓足勇气后，陆远才缓缓开口。

"给我一个理由。"碗里剩下的汤汁，被打洒，流到桌面上，可林伊却浑然不觉。

"我累了。就这样吧。"说完，掐掉电话。

林伊以为陆远是在开玩笑。

其实在他没有工作的这一年里，陆远不止一次和她提过要分手。他觉得自己是个累赘，不想拖累她。

但林伊每次都说："陆远，你要记住，当初是你先追的我。说要和我相伴到老的人是你，要带我去听演唱会的人，也是你。"

"我知道你现在没有工作，心里不好受。但我相信这只是暂时的。我相信你，你也要相信自己。"

这么久都过来了，他只是在说气话而已。他不会离开我的。下班后，林伊一路往家狂奔，嘴里在反复念叨着这句话。

大年三十，家家户户都在吃团圆饭。但林伊到家的时候，见到的却是陆远拖着行李箱，准备离开。

站在他面前，林伊竟说不出来话。她目不转睛地盯着陆远，像一座雕像一样，立在他跟前，一动不动。

"钥匙给你，我走了。"看了一眼呆住的林伊，把钥匙放到她手上，陆远转身离去。

"陆远，你当真不要我了吗？当真要走吗？"把钥匙紧紧攥在手里，林伊冲着陆远大声喊道。

没有回答，没有声音。仿佛周遭的空气全都凝固了。只有飘落的雪花，和双眼通红，手脚麻木的林伊。

"陆远，你有爱过我吗？"林伊扔下钥匙，跑到陆远面前。

挣开林伊的手，陆远低头走去，头也不回。

05

大雪纷飞的除夕夜，林伊做了一大桌子的菜，全都是陆远爱吃的。

换上陆远送的紫色长裙，拿出同事送给她的红酒，林伊在饭桌前，一坐便是一夜。

次日清晨，林伊打电话向医院辞职，然后收拾行李，离开了出租屋。

她带走的东西不多。衣柜里的裙子，她只带走身上穿的那一件。她和陆远之前所有的照片，生活用品，她一样都没要。

就让这些东西，同这个人，这段感情，一起都留下来，留在过去，变成回忆吧。

离开后，林伊去了北方。

在那座每年都会下雪的北方城市，林伊生活了五年。

五年，从医助到医生，从出租屋到单身公寓。林伊变了，她身上的棱角，被生活和工作，一点点磨平了。

唯一没变的是，林伊还是一个人。

06

在医院，优秀的青年医生不少。加之她人缘好，连病人家属都想为她介绍对象。

但都被她一一婉拒。

我有男朋友的。每次有人想约她，她都以此为借口拒绝。

只有她自己知道，她忘不掉陆远。那个说好要陪她很久很久的人。

今年，薛之谦在上海开演唱会的时候，林伊去了。她一个人去的，但还是买了两张票。

这些年，她看电影时会买两张票；吃饭时会找双人座；哪怕是最后一趟末班车，她都会占两个座位。

她总想着万一他会突然出现呢？可事实上，一直以来，她都是一个人。

在现场，薛之谦给前女友唱了歌，说了再见。林伊坐在底下，安静地听完。她羡慕这个女人，羡慕她能让台上这个闪闪发光的人如此念念不忘。

越不正经，越深情。

演唱会结束后，等所有人都散去，林伊才起身离开。

"陆远，你好。陆远，再见。"对着空荡荡的舞台，林伊大声吼着。

"再见了，陆远。"

嘴里说着再见，却一路走，一路掉眼泪。

07

回忆被寒风吹醒。

回到家门口，林伊扔下背包，摘下围巾，拖下灰色羽绒服，躺在雪地里。

雪花簌簌飘落，落在地上，落在林伊身上。歌声还未停下，只是从上一首换到了下一首。

如果我带你回我北方的家，

让你看冬天的雪花，

你是不是也会爱上它，

远离阳光冰冷的花。

如果我带你回我北方的家，

带你回忆过去的年华。

如果你愿意爱我的话，

那我们明天就出发。

一曲完毕，林伊慢慢闭上眼睛。

陆远，此刻你会在哪里呢？你的身旁，有人陪吗？你是否还记得，曾经那个爱你的我？

此刻，是不是只有我在思念的沼泽里挣扎？

亦舒曾说："人为感情烦恼永远是不值得原谅的，感情是奢侈品，有些人一辈子也没有恋爱过。恋爱与瓶花一样，不能保持永久生命。"

今天的我不值得被原谅，但为你流的泪，总会有干的一天。

三十二　你来过一程，我惦念一生

我固执地以为，守得云开见月明。却不明白，有些爱，最终只能感动自己。

01

昨晚临睡前，接到一个陌生的来电。号码的归属地是上海。

自他离开后，我已多年不曾与上海那边的人联系过了。看着手机屏幕上闪烁着的陌生号码，我向左划了拒听键。

我没有关机，只是锁屏后把手机搁在床头柜上。从八年前和他在一起后，我的手机在夜里从没关过机。

有时为了等他的一声"晚安"，有时为了在睡觉前能听他给我唱安眠曲。

我们认识了三年，在一起处了一年，他离开了两年。无论是在一起的那一年，还是他离开后的两年，我依旧保持着这个习惯：晚上睡觉时不关机。

习惯真的是一个可怕的东西。一个习惯的养成，不论好坏，只需一个月的时间；但一经养成后，若想改掉，需要花上 N 倍的时间。

我刚把手机放好，准备钻进被窝，熟悉的铃声又再次响起。床头柜上的手机在振动，从里面传出来的铃声，不依不饶的萦绕在漆黑的房间里，划破寂静的黑夜。

还是那个陌生的号码，归属地还是上海。

是他回来了吗？

两年了，他终于舍得回来了吗？

我犹豫了一下，最终还是划下了接听键。电话那头的人似乎松了一口气。

"小艾？"

真的是他！一别经年，他的声音还一如从前。还是那么低醇、悦耳，还是一句简单的称呼就能成功撩动我的心弦。

我的手在颤抖。我尽力平息着自己的呼吸，生怕流露出一丝丝的思念被他察觉。

"小艾？是你吗？"

"是我。"

"小艾，我回来了。周末我们见一面，好吗？我给你订机票，或者我去广东找你。"

"你别来，我也不会去上海。我周末没空，要跟老板去外地出差。"

我压下心头疯狂增长的想念，告诉他我不会去见他，也让他别来找我。

自两年前他听从家里的安排，为了所谓的前程而选择和我分手的那一刻起，我就知道，我们之间没有结局，更没有未来了。

他不告而别的这两年，有关他的一切，都成了我的禁忌。我身边所有人都不敢在我面前提起与他任何相关的事。我也把我们在一起一年的点点滴滴，永远封存在心底。

那些被封锁起来的回忆，别人不敢轻易去触碰，我亦不愿解锁。

但每当夜深人静，我总会翻箱倒柜把它们释放出来，让它们陪我在无眠的夜一起狂欢，一起没落。

三年前，我们都是即将离开大学的毕业生。初识时，我们都在大四。他学的是服装设计专业，我学的是动漫设计专业。

是他先追的我。我向来都认为自己是一个挺淡薄的人。无论是对人还是对事，都很少有可以打动我的。但他的坚持却打破了我所有的矜持与被动。

大四一整个学年下来，我都不曾为起的晚会没有早餐吃而担忧，因为他每天带的早餐都有我的一份；我也无须担心因晚上睡觉前忘记设闹钟而导致第二天早上迟到，因为每天早上他都会给我打电话，跟我说早安，然后提醒我离第一节课上课时间还有半小时。

我记性不好，总会丢三落四。他每回都跟在我后面叮嘱我："明天天气预报说会下雨，出门时记得把雨伞放在包里。"

或者是："你上次不是说你朋友下周过生日吗？礼物准备好了吗？需要我陪你出去逛逛吗？"

嗯，和他在一起的那一年里，大大小小的事情都不用我操心。有他在身边，再大的难题都能轻轻搞定。

那时候我常想，要是他能永远陪着我，那该多好啊！

现在回想起来，真心觉得那时的自己，傻得可以，以为一次恋爱，一次牵手，就能携手白头，相伴永远。

02

大四下学期，我们都忙着考研。我们当初的想法很简单，很美好。就是想为了对方，变得更优秀些。

准备考研的那段时间，我们经常在图书馆复习到午夜十一二点才回寝室。

身边的同学都嚷嚷着说考研好难，好辛苦，坚持不下去了。可是我们却每天都跟打了鸡血似的，精神抖擞，乐不思蜀。

每天晚上从图书馆回寝室的路上，他都会揽着我的肩膀，对我说："小艾，如果能顺利通过考研，我们就可以继续读书，继续像现在这样了。"

是呀，只要考过了，我们还能像现在这样，一起去教室占位，一起到食堂吃饭，一起到操场上散步聊天。

我们把未来都规划好了：我们要考同一所艺术学校，他继续学他的服装设计；我继续学我自己的动漫设计。

我们还要一起租房子在外边住，那样就不用他每天给我打电话叫我起床。我也可以在每天晚上睡觉前都能亲耳听到他给我说晚安或者唱安眠曲。

我们规划好了未来，却猜不中结局，也想不到离别竟在一步步逼近。

是的，倘若能被预料到，那就不叫分离了。因为离别总是在无意间，悄然而至的。

考研的前一周，他突然间消失了，就像人间蒸发了一样，不见踪影。

那一整个星期，每天晚上的时候，他不再跟我说晚安，不再给我唱歌听，也没有叮嘱我要早睡；第二天早上，他没有给我打电话叫我起床，也没有提醒我距离第一节课上课还有几分钟；晚自修的时候，没有人提前在教室帮我霸位，我只能坐在阶梯教室的最后一排，把后背挺直，把脖子伸长，才能看到讲台左侧屏幕上的字。

我不相信他会不告而别，心里想着他可能只是累了，想找个没人的地方歇歇而已。

可是当给他打电话，电话显示的是关机状态；跑去他在校外租住的房子，看到房子里空无一物的时候，我才猛然惊醒：他，真的离开了！永远离开了！

这种狗血的剧情，我以为只有在电视剧里才会上演。却不曾想，它正活生生在我的人生中拉开序幕。

他自己潇洒转身就走，把我一个人丢在这个名为"人生"的舞台上。台下的观众不多，但他们都是我的亲人，我的朋友。

他们都在期待着我俩的精彩表演，怎么也想不到这场剧的男主角竟会中途离场。只剩下我自己像一名不合格的新手演员一样，站在舞台的聚光灯下，手足无措。

他走的第二天，我也从学校离开。回到家后，我大病了一场，也因此错过了考研时间。

病好后，我把自己关在房间里，大门不出二门不迈。我每天都抱着他的照片，在他给我许诺的糖衣炮弹里，自我沉沦。

我找遍了能联系他的方式，问遍了他平时的同学朋友。然而，大家都摇头表示不知道。

是什么原因让你连一声再见都来不及跟我说，就要无声转身离开？

我们当初计划好的一切，你都不要了吗？我们不是说好的一起考研，一起去北方的吗？

你怎么就走了呢？走得潇洒，连归期都不知在何年何月。

03

后来，我去了他老家找他。他老家在上海，在我梦寐以求想去那里生活的大上海。

为了找他，我第一次离开广东，第一次去那么远的地方，第一次离开父母。

很多第一次的勇敢，都只为了他。

去到他家后，叔叔阿姨见到我的第一句话是："你是哪位？"

直到那一刻，我才意识到，原来在他的生活圈里，从来就不曾出现过我这个人。

叔叔阿姨不知道我们的关系，还以为是我找错地方，问错人了。

我问他们陈旭去哪儿了？他们说早在一周前，阿旭就跟哥哥出国去了。

"那他大概什么时候能回来？"我向叔叔阿姨询问他的归期。

"这个啊，说不清楚。可能是一年两年，也可能他就和哥哥在那边定居了。"

阿姨的脸上堆满笑容，连语气都是骄傲的、自豪的。

得知他出国的消息后，我当天晚上就订了回程的机票。我拖着行李箱，一个人走在凌晨空荡荡的机场里。我脚下踩着的正是我未来想要在这生存扎根的地方。

但此时此刻，我只想远远地逃离。这个他从小长大的地方，我一刻都不想待了。

他走后的第一年，我顺利从大学毕业，也在广州找了一份不错的工作。

那一年，我没有回过学校，也不去参加同学聚会。我不想看到与他有关的人与事，也不敢再去回忆一遍和他在大学里一起走过的地方、一起吃过饭的餐厅……

身边所有的人都劝我放手。他们都说："别等了，他根本就没爱过你，连喜欢都不曾有过。"

　　每每这个时候，我都会大声冲他们吼："不可能，你们都在说谎！"

　　你们都在骗我！他怎么可能不喜欢我？当初为了追到我，他做了那么多，努力了那么久。怎么可能不喜欢？

　　他的电话，我一直打不通。我给他发微信，他不回。我在他的空间留言，他也没回复。

　　我跟他说："只要你会回来，无论多久，我都会等你。"

　　只要最后的那个人是你，不管多久，多远，我都会等。

　　这一等，就是两年。

　　这两年来，家里的亲戚朋友都在有意或无意地给我介绍对象。但我每次都以"我在等他"或者"你们别操心了，我这辈子都不会嫁人了"来回应他们。

　　我固执地以为，守得云开见月明。却不明白，有些爱，最终只能感动自己。

　　而我等的故人，他终究只是匆匆过客，不会如约而至。

　　就在昨大，我把所有与他有关的联系方式：qq、微信、手机号码，全都删掉了。

　　已经等了两年了，再等下去也不会有结果。既然如此，那我也只能放手了。

　　没有希望的等待是最残酷的折磨，我累了。

　　可就在我刚想把他彻底忘记的时候，他回来了。他说让我去上海见他一面。

　　事隔经年，即使你回来了，我们之间还能回到当初，还能一如既往地相爱如初吗？

　　如果不能，那我们就此别过，互不打扰吧。

在我的前半生中，你来过一程，便足矣。余下的，就让我用后半生去慢慢回忆，再渐渐淡忘吧。

三十三 终于等到你，还好我没放弃

她说不管身边的人再怎么样，都不要放弃对爱的希望。只有相信爱，才能得到它的青睐。

01

昨天，我把卸载了一年多的微博重新下载了回来。

消失了一年多，原先就为数不多的关注量如今更是少得可怜。留下来的都是那几个怎么也赶不走的损友。

看了一眼去年离开时发的最后一条动态：如若有缘，江湖再见。

彤彤在下面留了评论：江湖那么大，我要到哪儿才能找到你？

时隔一年，再次看到她的留言，我笑了笑，心里对她说不用找，现在我已经回来了。

挨个儿去她们微博翻了翻，看看她们近一年来的状况。看到搞笑的就点个赞，看到不怎么美好的，就留下脚印，悄悄告诉她们：我来过。

退出微博前，还是忍不住发了一句话：我回来了。

离开了一年，我终于还是回来了。

关注我微博的人不多，但自那条消息发出去后，手机的提示音就一直没停过。我关掉手机，躺在床上，心里想着一件事：不知道他会不会看到这句话？不知道我离开的这一年，他还会不会像以前一样来看看我，来给我留言？

一年不见了，你过的可还好？

离开前你问我的问题，我现在已经有答案了。你可还愿意听？

在床上翻来覆去睡不着，望着头顶上的天花板，记忆一下子飘回了当初与他相识的场景。

一年前，我和他在微博上相遇。

他是彤彤介绍给我的一个情感话题博主，一个坐拥几十万粉丝的大 V。

刚关注他那会儿，我只是单纯给他发的每条心情点赞而已，并没有留言评论，偶尔看到自己喜欢的句子，还是会转发到自己的主页，但也仅限于转发。

仅此而已。

许是喝了他太多的情感鸡汤，病毒早已一步步深入骨髓，所以在默默关注了他两个月之后，我鬼使神差地翻遍了他的一千多条动态，还在每一条动态下边留下自己的评论。

更让我意想不到的是，他竟然一一回复了我的留言！还在第二天关注了我！

被一个大神级的人物关注，我当时的心情激动到难以言表。用彤彤的话来说就是得知他关注我的时候，我嘴巴张得可以塞下一颗鸡蛋。

他的关注于我而言已然算是很令人惊讶的了，更没想到的是，他还给我发了私信：你好，很高兴认识你。

他的一次主动，瞬间打开了我的话匣子。我问了他很多问题，他都很耐心的一一回答我。

"哈哈，一下子把自己话痨的本性暴露出来了。我一下子问了这么多问题，会不会觉得很烦?"

意识到自己一口气问了他 N 多问题，真想一巴掌拍死自己。说好的矜持、端庄、严肃……都喂狗去了!

"不会啊，觉得你挺可爱的。"

"彤彤! 彤彤! 快快快! 大神竟然说我很可爱耶! 哈哈哈哈……"

看到他的回复，我立马截图给彤彤发过去。这丫头平日里各种损我。今天就让她见识见识，本姑娘还是很萌萌哒!

彤彤很快发了消息过来："哟呵，不错嘛! 这么快就勾搭上了?"

"这叫建立革命友谊，不叫勾搭!"

"行行行，我不懂。你赶紧找你的大神去!"

结束完和彤彤的对话，回头再去找大神的时候，发现他已经下线了!

嗯，看来大神确实很忙。

闲着无聊，我把他关注的那几十个人，也挨个点了关注，再给他发了信息，问他在哪里，说不定就和我在同一座城市呢!

做完一切，才安心退出微博，静候大神的消息。

我们素未谋面，连萍水相逢都算不上。但仅凭一次简单的聊天，我却清楚地知道，自己对他动了心。

02

由于工作原因，当我再次打开微博，已经是一个月之后了。

微博上未读的新消息里，除了彤彤的私信，还有他的消息。
他说："你好久没来了，最近还好吗？"

"最近工作太忙了，一时间忘了上来看看。我挺好的，就是忙了点儿。你呢？"

给他回了消息后，又去他主页逛了逛，却发现他这一个月都没有更新动态。

点开和他的对话框，想问问是不是也很忙，结果话还没编辑好，就收到了他的消息："嗯，我这一个月也特别忙。连偶尔想偷懒的时间都没有。"

原来如此！怪不得都没有更新。

"上次你问的问题，我看到了。现在回答你，我也是广州的。"

"真的嘛！哈哈哈，好巧哦，我也是广州的耶！"

"嗯，我知道。所以？"

"嗯？"

"要不要见个面？"

"大神，你这么直接，真的好吗？"

"不想？"他还在问。

"想啊！做梦都想见到大神你啊！"

看到自己发出去的话，想要撤回来已经晚了。啊！怎么办？搞得自己好像很那个啥似的，会不会把大神吓跑啊！

"原来我是你男神呀？"他秒回我。

男神？大神？啊，不管了，你是大神你说了算。男神就男神吧，反正也没差。

"那我们在哪儿见？"我问他见面的地点。

"等我订好地方，再告诉你。现在，你的联系方式，微信号，都可以告诉我了吧？"

就这样，我们的聊天阵地从微博转移到了微信，也互相交换了手机号码，还约好了见面的时间和地点。

见面之前，我们每天都会在微信上聊天。我会给他分享我日常生活中的点滴小事：今天去了哪里，吃了什么，工作上遇到哪些麻烦……

他也会和我说他遇到了哪些人和事，或者吃到了哪些好吃的。无论工作再忙，即使加班到凌晨，他都会跟我说晚安，然后在第二天早上又打电话喊我起床。

他的微博，我每天都会看。在我们交换联系方式的那天，他发了这样一句话：或许不久之后，你们就会有博主夫人了。

这条消息，是他所有的动态中，点赞量和转发量最多的一条。那些关注他的粉丝都在下面留言评论，想知道他们未来的博主夫人是谁。

他又转发了自己的微博，还加上评论：她胆子小，会害羞。现在还不是时候，时候到了，你们自然就会知道了。

看着他和粉丝的互动，我笑得很开心。嗯，真不愧是我家男神。简直棒棒哒！

"看了今晚的微博了吗？请问未来的博主夫人，有何感想？"

刚退出微博，就收到了他的微信。

"感想啊？等到时候见面了再告诉你，现在先暂时保密。"

"好，那我等着。"

那天晚上睡觉前，我也发了一条微博：期待我们见面的那一天。

那天天气很好。天空是蓝色的，空中吹拂着凉爽的微风。我坐在他提前订好的咖啡店里，静候他的到来。

当他出现在咖啡店的门口时，我听到了自己心跳加速的声音，仿佛周围的一切都不存在了，只有他，嘴角擒笑，向着我所在的方向缓缓走来。

之前在微信上见过他的照片，所以一眼便能认出他。

干净利落的短发；白色衬衫上衣；黑色西装裤。嗯，一切都刚好是我喜爱的样子。

这是我们第一次见面，从虚拟的网络世界到现实的生活。

我又一次在心里对自己说：就是他了！

03

在咖啡店坐了一会儿后，他带我去吃了饭，还看了电影。

在电影院里，他牵过我的手，放在他的手掌心里，然后紧紧握住。

电影结束后，他送我回家。一路上，他都牵着我的手，好像担心一松开，我就会消失不见一样。

我们沿着回家的路，走了很久很久。他几次欲言又止。我知道他想说什么。

在见面之前，他早就问我过，愿不愿意和他交往。

我一直没答应。不是不愿意，只是觉得我们认识的时间太短，才几个月而已。我不否认自己对他也很喜欢，但还是觉得应该再彼此互相多了解一些，然后再做决定。

我跟他说给我一年的时间，让我回家处理好一些事情后，再给他答案。

当然，如果他等不了，那也可以另寻他人。只要他能幸福，我也会祝福他。

那天晚上分开前，他紧紧抱着我，揉揉我的头发，在我耳边轻声跟我说："你放心回家去吧，无论多久，我都会等的。我会在这里，等你回来。"

我在他左脸落下轻轻一吻，对他说："谢谢你，许先生，我会回来的。"

第二天早上，我坐上了回家的火车。他没有来送行。是我不让他来的，但我知道他肯定在我看不到的地方，在目送我离开。

回家后，我卸载了微博。彤彤问我是不是出了什么事。为了不让她担心，我回她说没有。

我在家待了一年，直到我爸妈正式办好离婚手续后，我才再次坐上前往广州的火车。

在家的一年，他每天都会给我打电话，或者发微信。但我都没怎么回，有时会当作没看到。

爸妈失败的婚姻，瞬间打破了我心里对爱情所有美好的向往。看着曾经那么相爱的两个人，如今却形同陌路，成了最熟悉的陌生人。

妈妈问我怪不怪她？她觉得自己给我树立了坏的榜样，没能给我一个完整的家庭。对此她表示很愧疚。

我对她说我不会怪她。错不在她，所以我不怪她。只是原本对爱情与婚姻有着无限渴望与憧憬的我，此刻却想退缩了。

我跟他说让他别等我了，我可能不会再去广州了。我知道自己很浑蛋，但见过身边的人经历过那么多分分合合之后，我真的害怕了。

好在他的坚持和妈妈的鼓励，让我重新燃起了对爱情的希望。

他从广州坐了一天一夜的火车，来我家找我。他当着妈妈的面，说一定会好好爱护我，给我幸福。

他在我家住了两天。那两天里，他就像跟屁虫一样，我走到哪儿，他跟到哪儿。我让他回去，他不肯，说除非我也跟他走。

妈妈看出他是真心喜欢我，就跟他说让他先安心回去，几天后他就会见到我了。

他听了妈妈的话，第二天晚上就走了。我送他去车站，他抱着我不肯撒手。"你一定要回来，好不好？我会一直等的，等你回家。"

看着火车消失的方向，我转过身，泪水模糊了视线。

回到家后，妈妈跟我说了很多她和爸爸的事。她说他们之间会走到今天这个地步，不能怪任何人。既然没有爱了，那分开，或许会是最好的结局。这样对谁都好。只是对不起我。

她说不管身边的人再怎么样，都不要放弃对爱的希望。只有相信爱，才能得到它的青睐与眷顾。

"妈妈看得出来，他是真的爱你。去找他吧，别让自己后悔。"

他从我家离开的第二天，妈妈也送我上了车。她让我下次回家的时候，带着他一起回去看她。

我说好。

时隔一年，再次回到这个我生活了几年的地方。很多东西都变了，但唯一不变的，是他对我的等待与爱。

我在微博上发出"我回来了"这条消息后，马上就接到了他的电话。他说："我就知道你会回来的。"

随后，他在微博发了一张图。图上是我们第一次见面是的牵手照。他还在图上附上了一句话："终于等到你，还好我没放弃。"

我转发了他的微博，说："谢谢你，一直都在。"

三十四 十年——从校服到婚纱

你光芒万丈时，我崇拜你；你跌落低谷时，我不离不弃。因为有你在，就是最好的安排。

01

"西城西城，老师刚讲的那道题，我忘了。"

"陈小西，我说你脑子里装的是什么啊？"

"嘿嘿，我只是暂时性忘了嘛。还有，跟你说过多少回了？我不叫陈小西，我叫陈慕西。"

"哦，慕西慕西。"

"嗯嗯。那这道题到底该怎么解啊？"

"看好了啊。这样，先求出 x 的解，再代进原题里，就可以求出 y 的值了。懂了吗?"

"懂啦懂啦!"

"嗯，下次老师讲课的时候，别再发呆了。"

"知道啦!"

这是我和顾西城刚认识的第一年。

那年，是在高一。我们的座位，被安排在教室第四排中间靠墙的位置。

我们是同桌。

我坐在里边，靠着墙；他坐在外边，靠近走道。两张深红色的书桌，紧紧挨在一起。书桌上，我们的课本，整齐摆放着。

而我和他，我们之间的距离，也近在咫尺，触手可及。

他是数学课代表，但英语却极差；我是英语课代表，数学永远是我的克星。

所以我们便有了一个约定：那些不会的数学题，他给我讲解；他听不懂，记不住的英语单词，或者语法，由我来教他。

02

"陈小西，放学了，去吃饭呗。"

"顾西城，我……我英语考砸了。"

"多大的事儿呀? 傻不傻?"他毫不在意。

"我不想吃了，你自己去吧。"我趴在课桌上，把头埋在手臂上，不想理他。

"那我去咯!"他轻轻拍拍我的头，然后转身离开。

看着他消失在教室门口的背影，我忍不住拿起笔，想在草稿纸上画个圈圈诅咒他。

死顾西城！臭顾西城！我只是说说而已！榆木脑袋！我在纸上画了一个猪头，把它当成顾西城，用笔尖戳它的两个猪鼻子。我给它取名叫顾小猪。

就在我准备画第二只顾小猪的时候，顾西城回来了。同他一起回来的，还有我最爱吃的糖醋排骨，外加一盒米饭。

"呐，快趁热吃。这可是最后一份咯，幸好我手快，抢先了一步。"他把从食堂打包上来的饭，放到我课桌上。

"真搞不明白你们女生为什么那么喜欢这酸酸甜甜的东西。"放下饭盒，他随手拿起我手边的草稿纸。

我手疾眼快，刷一下子从他手里把草稿纸抢回来，然后赶紧塞进抽屉里。

"你画了什么东西在那上面？"他侧身过来，问我。

你要不要这么聪明啊大哥！这都被你猜出来了！

"没，没有。哪有什么呀，嘻嘻。"我睁着眼睛说瞎话，连忙打开饭盒，埋头苦吃。

他转过身去，坐在自己的座位上，没再继续追问。

我抬起头，正巧看到他的侧脸。他右手托着腮，望着窗外。

那时正值初冬。窗外的皑皑白雪，正飘飘洒洒自空中飞扬而下。她们很调皮，借用自己的力量，压弯了大树；冻住了花草；覆盖了马路。

染了满地的白，却很美很漂亮。

"陈小西，你又在发什么呆？"顾西城突然一个转身，用手在我眼前晃来晃去。

"我哪里发呆了？"我在看你呢！

"饭吃完了？"他问。

"吃完了。"我答。

"陈小西，下学期就要选文理科了。你想好要选哪个了吗？"他正襟危坐，用很严肃的语气问我。

"当然选文科啊。"我数理化那么烂，若是选了理科，那不是作死吗？

"嗯，我知道了。你慢慢吃，我出去一下。"

他看了我一眼，然后从课桌的抽屉里拿出围巾，起身走出了教室。

他脖子上的围巾是灰色的，是上个月我送给他的生日礼物。

为了织好这条围巾，我熬了一星期的夜。记得刚把围巾交到他手里时，他还笑话我："陈小西，你这一周晚上都干什么去了？眼睛黑的跟大国宝一样。"

围巾和他今天穿的衣服，很搭。看着他消失在门口的背影，我心里有个小人突然冒出来，说了这么一句话。

嗯，真的很搭，围巾很好看，他很帅。

03

"咦？顾西城？你怎么在这？"

"那你又怎么在这？"

"这是文科班，我选了文科，当然在这儿了。"

"你，你，你不会也？"

"嗯，如你所想的一样。"他把课本往桌子上一放，迤迤然落座。

整个上午下来，老师在讲台上讲了哪些内容，解说了几个语法，我都没记住。

我脑袋里只有一个声音在盘旋萦绕着：顾西城选了文科！还是和我同班！

唯有一点遗憾的是，这一次，我们不再是同桌了。我坐在第一组的第三排，他坐在第四组的倒数第二排。

好在我一回头，就能看见他。他一抬头，也能看到我。

我们还是和高一那时候一样，继续履行着我们之间的约定。他继续给我讲函数的解析式，我继续给他说各类情态动词的用法，以及它们在不同的句子中的不同含义。

我没问他为何会选文科而不是理科，不是答案不重要，而是即使他没有明说，但答案我心里已知晓。

十八岁生日那天，我收到了顾西城的礼物，是一条围巾，而且还是灰色，和我在高一那会送给他的成年礼物一样。

不同的是，他送给我的围巾，在尾端的流苏上方一点的位置，绣了三个字母：CMX。

陈慕西，我名字字母的缩写。

"这是你自己绣的？"我拿着围巾，凑到鼻子前闻上面的味道。

"不是，我不会这个。"他回答的很坦然。

"那这是？"不是你绣的，难道是你买的？也不可能啊，买的上面是不会有我的名字的。

"我让我妈绣的。"他拿过我手上的围巾，在我脖子上来回绕了几圈。

"嗯，还不错。和你挺搭的，看起来都傻傻的。"他把手放在我脑袋上，胡乱揉了几下，随后坐在座位上，开始看书。

干净利落的短发；认真帅气的脸庞；修长白皙的手指……

这样的顾西城，美好而温暖。

嗯，这就是我喜欢的人。我的，顾西城。

04

"陈小西，你考了多少分？"

"697。你呢？"

"刚好比你高三分，哈哈哈。"

在得知高考分数的那天，第一个打电话问我考试情况的人，是顾西城。第一个跟我报喜的人，也是顾西城。

知道他考得很好，我打心底里为他开心。努力了这么久，总算得到了圆满的收获。

当初填高考志愿表的时候，他问我想考哪个大学？我反问他："你呢？"

"我想去师范大学，以后想回咱们学校当老师。"他眼里闪烁着平时少有的光芒。

我知道，那是对未来的期许与向往。那是一种叫梦想的光芒，闪亮、耀眼。

"你呢？陈小西。"他问我。

"这个嘛，我还没想好。嘿嘿。"

你去哪儿，我也去哪儿。只是现在，还不是时候告诉你。

"嗯，不急，好好想清楚。"填完表格，他继续做题。

在上交表格前，在第一志愿的那一栏里，我填了和他一样的师范大学。

从他为了我，放弃了理科而选择来了文科班那时起，我就告诉自己：以后的大学四年，我都要陪他一起度过了。就像他，一直默默陪了我整个高中时光一样。

在高中，他陪我三年；那接下来的四年，十年，抑或者更久，都由我来陪伴他吧！

05

"顾西城顾西城，我们班上有个男生给我送了一封信。"

"信在哪儿？我看看。"

"哈哈哈，骗你的。什么也没有。"

"陈小西，你皮痒痒了是吧？"

"不敢不敢。皇上，请听臣妾解释。"

"嗯，说吧，朕听着呢。"

"哈哈哈哈哈哈哈。"

此时，我和顾西城正在师范大学生活区的情侣路那里，进行着这种没营养的对话。

从我们身边路过的那些情侣，大多都用那种看神经病一样的眼神看着我们俩。

这是我和顾西城之间，最平常不过的对话模式了。我总爱喊他"皇上"，他也叫我"爱妃"。

我身边的朋友都说我宫斗剧看多了，中毒了。而顾西城，整天和我待在一起，被我传染了。

才不会在乎她们怎么说，怎么看。反正我们开心快乐就好。这是顾西城跟我说的。

当年的高考分数，他比我多三分。但庆幸的是，我们都被师范大学录取了。

去学校的前天晚上，顾西城打电话叫我陪他出去吃饭。饭桌上的菜有糖醋排骨、玉米汤、土豆丝、剁椒鱼头，都是我爱吃的。

"味道还可以吗？够辣吗？"顾西城一边给我勺汤，一边问我菜合不合胃口。

"嗯，挺好的。"嚼着嘴里的菜，我一个劲地点头。

那顿饭，我吃得很饱。但顾西城却遭了罪。所有的菜，除了玉米汤，其他的都是辣的。

然而，顾西城吃不了辣。

当他憋着被辣的通红的脸，一直在往嘴里灌水时。我就在心里暗暗告诉自己：眼前的顾西城，我要用一辈子去珍惜，去爱护。

吃完饭后，他带我去坐了摩天轮。当摩天轮上升到最高点的时候，他对着天空大喊："陈慕西，我喜欢你！陈慕西，我，顾西城，喜欢你！"

这是他第一次喊我陈慕西。他以前总叫我陈小西。不管我怎么说，他都是那样叫。

那是第一次，从他口中听到"陈慕西"这三个字。

原来，我的名字也蛮好听的。

"陈慕西，你愿意吗？愿意给我一次照顾你的机会吗？"

他拉着我的手，对视着我的眼睛，问我愿不愿意。

我用力点头，表示我愿意。我当然愿意。

他把我拉进怀里，紧紧拥抱着我。我们就那样，站在半空中的摩天轮里，紧紧拥抱着。

那天晚上，天空很美。漫天的繁星都在闪闪发光。空气中，有微风轻轻吹拂而过。

我和顾西城，就那样拥抱着。

紧紧地，拥抱着。

06

"陈小西，你又在发呆了？"

"瞎说，我在回忆呢？"

"回忆什么？"

"回忆我们以前的事啊。"

"时间过得真快啊！转眼间，十年都过去了。我们都从高一认识到现在了。"

在夕阳的余晖下，我和顾西城牵手走在海边的沙滩上。他的左手，与我的左手，十指相扣。他左手的无名指上，戴着结婚时，我给他套上的戒指。我左手的无名指上，也戴着他给我套上的戒指。

从高一到大学毕业，再到现在。我们一起陪伴彼此走过了十年。

这一路走来，我们欢笑、吵闹，但最终都为了爱而妥协。

"顾太太，谢谢你。谢谢你这十年来的陪伴与关爱。也谢谢你当初给我机会，让我一直都可以陪在你身边，照顾你，爱你。"

顾西城把我拥入怀，把头埋在我的颈窝处，在我耳边轻声呢喃。

傻瓜，应该是我谢谢你才对。谢谢你这十年来的不离不弃，谢谢你用十年的时间，陪我从校服到婚纱。

曾经看过这么一段话：陪伴是最长情的告白。嫁给爱情最美好的样子大概就是，你光芒万丈时，我崇拜你；你跌落低谷时，我不离不弃。因为有你在，就是最好的安排。

亲爱的顾先生，此生有你，足矣。

三十五　胖子的爱情

无论你曾经被伤得有多深，总会有一个人的出现，让你原谅之前生活对你所有的刁难。

01

我是一个胖子。名副其实的胖子。

打我记事起，胖子这个称呼就跟了我二十多年。怎么形容我的胖呢？用我妈的话来说就是："我家闺女多可爱啊！小时候圆圆的一坨，肉嘟嘟的，跟个小肉球似的。"

长大后呢，我妈是这样说的："别管他们说什么。咱胖管他们什么事！又不吃他们家米饭！而且啊，我觉得我闺女并不胖！这肉肉的，捏着多舒服啊！"

有了我妈的袒护，我便在变胖这条道上一去不复返，回不了头了。

平时在我们家，吃饭就不用说了，肯定是我吃得最多。那些杂七杂八的零食：巧克力啊，雪糕啊，奥利奥啊，糖果啊，也全都哗啦进了我的肚子里。

我最胖的时候，体重达到 137 斤。那个时候，我才上高二。高二下学期体检的时候，登记体检分数的老师看到我的那个表情，我这辈子都无法忘记。

她以为自己看错电子秤上的数字了，手忙脚乱地从包里拿出眼镜戴上。确定自己没看错，她长呼一口气，喉咙滚动了一下，手一挥，我从电子秤上下来。接着，她开口喊：过！下一个！

拿着体检表，不管身边窃窃私语的声音，我埋着头走回教室。

高中三年，我没有交到一个朋友。其实我身边也没几个朋友，除了从小一起长大的发小。

我安静地待在自己该待的世界里，从来不越界。她们的世界太窄了，我又太胖，挤不进去。

我挤不进她们的身边，就像挤不掉自己身上的肥肉一样。那种无奈而绝望的心情，只有自己能懂。

02

我没少因为自己的胖而埋汰我爸妈。

"要不是你们一个劲地纵容我，叫我多吃点儿，我能长成现在这副鬼模样吗?!"

"我都说了要减肥，你们还不准！"

"你们都不知道，我因为这身肉错过了多少机会！你们什么都不知道！什么都不知道……"

多少个被人嘲笑的深夜，我因为不吃饭而闹胃疼，也因被嘲笑而对爸妈恶语相向。

每每这个时候，我妈都红着眼眶安慰我："哪里胖了？谁说你胖了？我找她去！"

我爸呢，总是悄悄把饭端到我房间，搁在书桌上。然后每次我去学校前，又往我书包里塞零食。

其实他们都不知道，那些塞在我书包里的零食，我都分给室友吃了。实在忍不住想吃的时候，我就在大腿上掐自己一把，说："吃吃吃！你还吃！再吃就真的要完蛋了！"

大腿上的痛感连着脂肪痛到我心里，捏一捏肚子上的肉，我又默默把巧克力塞回包里去。

那是我上大学的第一年。

那个时候，我还是很胖。名副其实的胖：身高 159cm，体重 63.5kg。

当时我已经偷偷开始减肥了，但效果都不明显。肚子上的肉，大腿上的肉，还有胳膊上的肉，全身上下的肉，都还与我相亲相爱，如影随形，舍不得让我孤身一人。

我真正开始减肥，并且有了显著的效果，是在大二的第二学期。

03

我不是一个毅力很坚定的人，相反的，我属于那种三天打鱼，两天晒网的人，所以之前的减肥计划并没有成功实施。

但在大二的第二学期，我遇到了一个人，是他让我下定决心要去减肥的，因为我喜欢他。

如果没有遇见他，或许我现在都依然无法摆脱胖子这个称谓。而我身上的一堆肥肉，也将会永久地与我为伴，相爱相杀。

与他相识，是在一场校运会上。

校运会开始前的一周，我代表班级参加训练。我参加的是八百米接力赛，而且是最后一棒。这个重任，比我身上那一百多斤脂肪更压得我喘不过气来。

自高中毕业后，我已经几年没跑过步了。我是很懒的那种人，能躺着绝不坐着。而且我妈每天都好吃好喝供着我，一点家务活都不让我做。

参加完为期一周的训练，我好想给辅导员说我不要去跑了，换别人吧。但一想到大家对我的期待，我又只能默默地走上了跑道。

我和他就是在训练的时候认识。他是领跑员，负责监督和鼓励我们。

但训练的那一个星期里，我都没怎么和他讲过话。从第一天开始跑，到最后一天结束，我都是跑在大家的后头。

最后一天训练结束时，大家都走了，操场上只有我和他两个人。我还想再跑一圈，他好像是在登记训练成绩。

"回去休息吧，明天就比赛了。"正在我预跑时，身后响起他的声音。

我转过身，看到的是这样的一幅画面：偌大的操场上，他顶着夕阳的余晖向我走来。他的影子被拉得很长。他一边走，一边看着我，直到自己的影子完全盖住了我的身影。

夕阳，操场，身穿白色运动服的少年。此情此景，永生难忘。

04

"回去吧，不早了。"他走过来，拍拍我脑袋。

他比我高很多，一伸手就能拍到。我站在那里，定住了，忘记要起步开跑。

"嗯？傻了？"浅浅的酒窝，像调皮的淘气鬼，在他脸颊上一躲一闪。

我无法形容当时的那种心情和心境，像是被关在暗无天日的牢笼里很久，突然一夕之间被无罪释放的囚犯，又像是干涸了好久的河床，突然迎来了一场甘露。

但无论像什么，我只知道，当时的我，脸红了，心跳也加速了，恨不得下一秒就变成一个身材苗条，容颜静好的女孩站在他眼前，笑着告诉他我的名字。

真真实实的姓名，而不是被人从小叫到大的胖子。

"回去吧，好好准备一下，明天我给你加油。"他翻开登记表，看了我一眼，好像在找我名字。

我也不知道怎么了，就真的不跑了，停下来了，但也没有走。我挪不动脚步了，仿佛身上所有的肉都跑到双腿上去了。

"不想回去？"他又问。

我摇头。我想走的，但腿不听使唤。没办法，不听就不听，那我就站在那里好了。

"不走？那就和我说说话吧。"他自顾地躺在草地上，用纸把脸遮住。

"其实，我很早之前就知道你了。"一张薄薄的纸张在他脸上被风吹得颤颤发抖，忽上忽下。

很奇怪，他这句话一出口，我的腿就动了。我以最快的速度跑出了操场，把他和他脸上的酒窝，远远抛在后面。

而他，也成功地检验了我这一周的训练成果。

那一整晚，我躺在床上，翻来覆去睡不着。除了时不时叫唤的肚子，还有他的那句"其实我很早之前就认识你了"，它们是扰我清梦的罪魁祸首。

一直到凌晨，我才真正熟睡。当第二天站在跑道上，看着操场上黑压压的人群，我有一种不好的预感：

这一次，我可能要输了。

05

我的第六感很强，很准。将要发生的好事，我可以提前预感到。当然，不好的事情，我的感知也没出过错。

在欢呼声、掌声、尖叫声、哨子声交汇的瞬间，我从同学手中接下了交接棒。

一定要赢！一定要赢！一定要坚持跑到最后！一定要！成千上万个声音在我心里响起。握紧手中的棍棒，我知道无论如何，我都不能倒下。

也许是因为昨天的训练过度了，又或许是因为昨晚没睡好。在跑到一半的时候，我有点坚持不下去了，速度慢了许多，身边的人都超过我了。

汗水顺着额头往下流，流过脸颊，流过嘴边，砸在跑道上，听不见声音。在那么几分钟里，我好像与世隔绝了似的，听不到周遭的一切动静，眩晕的脑袋愈发沉重，眼前的视线也变得模糊起来。

"没事吧？还能坚持得住不？"就在我以为自己要倒下时，身边传来一道满怀关切的声音。

不用扭头我都能知道，是他。我没有开口回应他，我口很干，很渴。但我点了头，表示自己还能坚持。

他一直跟在我身边跑，速度保持在和我同样的快慢。我又听见操场四周的声音了，欢呼声，拍掌声，呐喊声，听得很清楚。

"不用去管他们，慢慢来，不用担心。"他的安慰夹杂在呼啸的冷风里，传到我耳边。

我终于回魂了，在他的陪跑下，以不计时、不论输赢的速度跑完了接下来的跑道。

在辅导员摇着头，脸上尽是无奈又混杂着"早就知道会是这样"的表情中，我毫无例外地拿了最后一名。

离开操场，我低着头，握紧拳头走回教室。一路上，身后的哨子声和尖叫声此起彼伏。

"怎么？不开心了？"又是他，他又跟上来了。

我没理他，继续走自己的。我不想看到他，私心里觉得对不起他，辜负了他的训练和鼓励。

"还记得我上次和你说的吗？其实很早之前我就认识你了。"他跑到我前边，站住。

我绕过他，继续走。一边走，一边在想什么时候，在哪里，见过他。

"是不是在想什么时候见过我？"他突然拉过我的手，把拳头掰开，然后用他的掌心将其托起。

"答案很长，我想慢慢告诉你。你，准备好了吗？"他看着我，笑了。他笑起来很好看，仿若一阵风，吹散了我在操场上所有不好的经历。

看着他的侧颜，我也笑了。其实在此之前的之前，我也认识他了。

06

看着身侧熟悉的睡颜，熟悉的人，我掀开被子下床。

在他额头落下轻轻一吻，我走到窗边拉开窗帘。又下雪了，铺了满地的白，银装素裹的。

走到镜子前，看着曾经幻想过无数次脱胎换骨后的自己，幸福与辛酸同时涌上眼眶。

下了一夜的大雪还在继续。这是我们婚后的第七个年头了。以前那个臃肿肥胖的自己早已不再。以前衣服只能穿大码或特大码的自己，现在衣柜里的衣服都是小码的。

我想我终究还是幸运的。因为遇见他，遇见了我的爱情。

我也终于能体会到他当初和我说的那些话了：无论你曾经被伤得有多深，总会有一个人的出现，让你原谅之前生活对你所有的刁难。

07

谢谢你，我的 Z 先生。

谢谢你让我这个曾经活在自卑与痛苦里的胖了，拥有了最想要的爱情。

谢谢你，走进我的世界，与我风雨同行。

窗外的雪停了，但天还是很冷。不过没关系，我不怕，因为那个温暖我的人，就在我眼前。

三十六　你是我三十九度的风，风一样的梦

我一直在等的人，就在离我不远的前方。可我却没勇气走到他身边，问他一句：为何一直不肯见我？

01

你会因为一个声音，而疯狂迷恋上一个人吗？

你会吗？每个人都会吗？不一定吧。

但我会。

敲下这句话，我把它发给他。片刻后，他的语音便随之而来："你不就是吗？"

我回他："是啊是啊，我就是被你的声音所迷惑的。你不也挺开心的吗？

小样儿，就知道你也在偷着乐！"

果然，这老狐狸还是有一套的："我开不开心，你不是最清楚吗？"

他这话，我无法接。只好连发一串"哈哈哈哈"过去。似乎从认识以来，我们之间的每次聊天对话，都是以我惨败告终的。

敌方势力太强大，我军输的丢盔弃甲，惨不忍睹。

"丫头，今晚想听什么歌？"就在我为自己的智商默哀时，他继续发来语音。

我们聊天的模式有些奇葩。每次都是我打字，他发语音。当然了，如此奇葩的对话方要求，也只有我这种奇葩的声控才能提得出来的。

谁让他的声音深得我心呢。若不动动脑筋，为自己所用，那岂不可惜了？

"随便唱吧，反正只要是你唱的，我都爱听。"这话绝对不假。他为我唱的每首歌，我听完后，都有收藏着，反复循环。

"那就给你唱首《十年》吧。听完后就乖乖睡觉了，不许熬夜。否则明天就没有早安和晚安了。"

我正暗自高兴着呢，结果他一句话，我整个人都不好了。

这老狐狸，每次都用这招威胁我！然而除了乖乖听话，我别无他法。

一段长达六十秒的语音，一首没唱完的十年。我静静听完，听完后等着他的晚安。

"一首不完整的十年，送给迷糊的声控。晚安，我的云丫头。"

"晚安，我的顾先生。"

退出微信，关掉手机，躺在床上，看一眼窗外悬挂在树梢上的明月，我安然入梦。

梦里见，顾先生。

02

我和顾先生，相识于偶然。

一次闺蜜间的恶作剧，让两个毫无交集的人，像两条平行线一样，慢慢靠近，再互相交叉。

2015 年 11 月 27 日，是我和顾先生初次打交道的时间。

那天晚上，我和闺蜜在 KTV 帮朋友庆祝生日。这样的场合，游戏是必不可少的环节。

连续输了三回合之后，在真心话和大冒险两者间，我选择了后者：在微信上扫一扫附近的陌生人，并给对方发一个语音聊天。

抱着豁出去，大不了就是一死的想法，我颤抖着手指，按下了微信的扫码功能。

十秒，二十秒，一分钟，两分钟……就在第三分钟的时候，微信上出现了一个头像。

来不及多想，手机便被闺蜜抢去，并以最快的速度添加对方好友。

在等待消息的时间里，她们都在猜测这个头像的主人：是男生还是女生。

一分钟过去了，五分钟也溜走了，可手机迟迟没传来提示音。

"算了算了，再换别的玩法吧。"在大家都想放弃，我也以为自己快要解放的同时，提示音响起。

无奈，愿赌服输，我只能给这位素未谋面的朋友发去语音聊天的请求。

没想到这次接通的倒挺快："喂，你好。"

一道略显疲惫，却充满磁性的声音通过屏幕传到众人耳中。整个包厢里，瞬间安静下来。彼此之间，连呼吸声都能听见。

"喂?"又是一声简短的疑问。

闺蜜戳了一下我胳膊，我才反应过来："那个，你好。"

由于过度紧张，我的声音很小，手心里全是汗，心脏也在加速跳动。

"嗯。"又是一个字。

在为时十分钟的通话时间内，我只听清了一件事：对方就在我们隔壁。

朋友们让我继续和他语音聊天，但都被我以"你们听不出来吗? 人家明显不愿意和我说话"为借口婉拒。

其实我没有告诉他们的是，在语音结束后，对方给我发了消息：回聊。

我更不敢让闺蜜知道的是，就在当天晚上，我和这位素不相识的朋友，聊了一个多小时。

"晚安，来自陌生人的问候。"

"晚安，声音好听的陌生人。"

或许是在深夜之时，人都容易孤独，因而更渴望能有人倾听与陪伴。

因为工作原因，我们一般都在晚上才有联系。而每个不眠的午夜，都是他的声音陪我度过的。

知道我睡不着，他会给我打电话，讲故事或者唱歌给我听。

"好了，今晚的故事就讲到这里了。晚安。"

"晚安，顾先生。"

在联系了两个月后，我们每晚都以这两句话作为一天的结束语。

　　隔天早上，叫我起床的不再是闹铃，而是他特地为我定制的手机铃声。

　　每晚都在他的声音中入梦，然后再在他的声音中醒来，是让我觉得最幸福的事情。

　　我们的联系，持续了一年的时间。

　　这一年里，语音，视频，我们都发过，但唯独没有在现实生活中见过面。

　　我们在同一座城市，呼吸着同样的空气，却无法拥抱到彼此。

　　无论我如何旁敲侧击，怎样暗示，甚至主动开口提出要和他见面。

　　结果都没有结果，都被他无情拒绝。

03

　　"你不想见我吗？"

　　"想。"

　　"那为何不肯和我见面？"

　　"因为还不是时候。"

　　每每和他提起见面的事，他都说"现在还不是时候。"

　　我生气过，伤心过，疑惑过，最终都化为了"要相信他，不能怀疑他。""再等等吧，再时候到了，他自然会和我见面的。"

　　他不会袖手旁观我的焦急与忧虑，除非我们从来就不曾动心过。

　　抱着这个念头，我一直在等。

　　一直等，等了一天又一天。等到绝望，等到崩溃。

"如果你还是不愿意来见我的话，那我们就到此为止吧。"

"好。"

就这样，在相识一周年的日子里，我一句话，他一个字。

我们之间，就结束了。

悄悄地开始，悄悄地结束。

没有惊动任何人，或许连他自己，内心都风平浪静。

只有我一个人，心底白浪翻滚，涟漪不断。

04

分手后，我没有删他的联系方式。

我们就那样，各自安静地躺在对方的微信上。聊天的时间，从最早的渐渐退到最后的。备注也从独有的昵称到"陌生人"。

其实不算是分手吧，毕竟都没有正式在一起过。

从始至终，都不过是我一人在自导自演，一厢情愿罢了。

我们的故事，以我闯入我为开始，以我多余为结束。

如果按照电视剧上的情节，我们就应当各自忘掉这段往事，然后重新开始自己的生活。

但现实却总不尽如人意。

倘若没有在现实中相见，哪怕相见，只要他身边没有别人，我都不会觉得自己有多难受，多不甘。

有时候想想，觉得这个世界真的好大。大到我们在同一座城市，却无法相遇。但现在想想，觉得这个世界其实挺小的。小到事隔经年，我们终究还是遇见了。

在地铁站里，在拥挤的人群中，我和他，四目相对，视线相交。

我第一眼便认出他了。

深邃的眼神，迷人的锁骨，灰蓝色格子衬衫。梦里见过无数回的人，此刻正与我面对面。

我下意识想转身离开，可脚却像灌了铅一样动弹不得，不听使唤。

地铁站里，人群一波接着一波，离开或等待。每个人都有要去的目的地，都有要等的人。

我一直在等的人，就在离我不远的前方。可我却没勇气走到他身边，问他一句："为何一直不肯见我？"

我站在原地，握紧拳头，看着他侧过身，接过那个女孩的背包，背在自己的身上。

动作娴熟，眼神宠溺，是我从未见过的温柔。

站口里，我要乘坐的那趟车已经到达。上车前，我最后看了他一眼。

远远的，深深的，看他最后一眼。

05

那趟地铁，我上错了站，坐反了方向。

原以为，我对这座城市，已经够熟悉了，却不曾想，还是坐错了车，下错了站。

生活了二十几年的地方，都有迷路的时候。何况一个心里没有你的人呢？走进他心里的路，我一开始就没寻对。

没找对，所以一直都在迷路。

06

走在海边，远望这座不夜城的万家灯火。

脑子里响起熟悉的旋律：

我不是一定要你回来，

只是当又一个人看海，

回头才发现你不在，

留下我迂回的徘徊；

我不是一定要你回来，

只是当又把回忆翻开，

除了你之外的空白，

还有谁能来教我爱。

听完这首歌，我删掉了与他有关的一切。

夜晚的海边，微风徐徐，让我这个晚归的旅人，忘了归途，忘了所有。

然而，这片海，不再是我爱的蓝；他，也不再是我爱的少年。

朋友说我是一个敢于追爱的人。

因为他姓顾，所以我写的每篇文，男主都姓顾，换名不换姓。

《南风知我意》里，阮阮曾说过：我这个人，对生活没有什么野心。从小到大，没什么大的梦想，也没有特别期待过什么东西。因为深知，不奢望，便不会失望。但是遇到他，我第一次有了奢望。想要和他在一起，成了我的心愿。

想要和他在一起，也曾是我的心愿。

奈何天不遂人愿。

　　但如果给我一次重新选择的机会，我想我还是会选择与他相遇相识相知再相恋。毕竟他给过我的温暖，是别人给不了的。

　　哪怕那些温暖与感动，终不过是黄粱一梦，空欢喜一场。

　　这个我曾倾心过的人，他姓顾。

　　我喜欢叫他"顾先生"。

　　他是我所写的每篇小说中，悲剧的男主角。

07

　　亲爱顾先生：

　　你是我三十九度的风，最舒适的触感，也最难以挽留。你是我风一样的梦，虚幻缥缈，易碎温柔，过于自由，却难以占有。

　　如果再相遇，我希望自己不再记得你。

三十七　你的身旁，是我到不了的远方

　　心若一动，泪便千行。

　　遇到你，我也总算明白了这句话是什么意思。

01

　　"明晚八点，高中同学聚会。"

　　"到时候我去接你。"

收到木子的微信时，我刚从公司出来，正走在回家的路上。

高中同学？聚会？

熟悉又陌生的字眼。

"不了，我明晚还要上班。"走到小区门口，我回复她。

消息刚发出去，木子的电话就进来了。"你这丫头，是不是忙傻了？明天周末，加什么班？"她问我。

"他也会去吧。"如果他也在，那我就不去了。

"就想到你会这么问。他是班长，自然少不了他。"

"晨晨，你，还是忘不了他，对不对？"木子在电话那头停顿了几秒。

"没有的事！我早忘了。"我反驳她。

早就忘了。

要多勇敢，才能念念不忘。

"你看看，我都还没说他是谁呢，你就说自己忘了。"木子的声音有些急促。

"木子，我忘不了。"忘不了，你知道吗？

"忘不了也得忘！晨晨，你要醒醒了，他已经订婚了。未婚妻是他大学同学。"

"木子，别说了。求你了，别说了。我现在好冷。"

身心都冷。

但房间里的门窗是紧闭的，外边的风吹不进来。

可我还是好冷，冷的双手在颤抖。全身的血液就像凝固住了一样。

"晨晨，你没事吧？要不我现在过去？"木子的语气很着急。我知道，她在担心我。

"没事的，你知道的，我可是打不死的小强啊。"没有什么能压的跨我。

唯独他，是个例外。

"木子，明天我会去的。到时候你来我家接我。先这样，我挂了。"

挂掉木子的电话，我走到窗边，推开窗门，拉上窗帘，把自己蜷缩在墙角。

寒风掠过窗边，窗帘随之飞舞。黑暗里，过往的一切就像一双双无形的魔爪，拽着我跌落至深渊。

让我在四下无人的寂静黑夜里，抱着回忆，独自沉沦。

02

"顾念晨，你是不是喜欢我？"

高考的前一个月，在一堂晚自习下课后，你把我堵在教室外边的走廊上，问我："你，是不是喜欢我？"

全班人都知道的事情，为何你看不出来？这个问题，谁都可以问。

但你不行！你不可以！

你不可以问我这个问题。你知道吗？陈墨阳。

"快说呀，你是不是对我那个啥？"你把手搭在我肩膀上，继续追问。

"才不是！"拍掉你的手，我回答的很大声。

"真的？"你靠近我几分，在我耳边低声问。

"当然是真的！"错过你的视线，我迅速低下头。

"嗯，我知道了。"你最后看了我一眼，并用手在我脑袋上胡乱揉了几下。

"顾念晨，你以后要好好的。好好复习，好好考试。"走出一段距离后，你回头冲我喊道。

"顾念晨，你要好好的。"

"要好好的。"

你的声音，一直在走廊里回旋萦绕着。

陈墨阳，若是那时你再回头一次，就会看到，黑暗的走廊上，对你说了谎话的我，泪水正无声流淌着。

那天晚上，我躺在床上，翻来覆去睡不着。脑中只有你和我的那几句对话：

"顾念晨，你是不是喜欢我？"

"才不是！"

"真的？"

"真的。"

骄傲如你，冷酷无情如我。

03

"顾念晨，陈墨阳是学校重点培养的对象。他是要考重点大学的人。老师希望你不要影响到他。"

陈墨阳，你不知道的事情还多着呢。

你不知道我喜欢你。更不知道，在晚自习前，班主任找我谈过话。

她让我不要影响你。你是要考重点大学的人，是学霸。而我，仅仅是一个默默喜欢着你，默默无闻的学渣。

学霸和学渣，本就是两个世界的人。就像我和你，本就是两条没有交集的平行线。

注定只能远远观望。

你知道吗？

每天早上你趴在课桌上睡觉时，我都会看着你的样子发呆。早晨的阳光从窗户洒进来，照射在你的左脸上。

而坐在你左边，和你隔了一条走道的我，每每看到你孩童般的睡颜，便会觉得心满意足。

心生欢喜。

我多想伸出手，去摸一摸你的脸庞。我甚至还想，变成你枕在手下的那本书。

那样，我就可以贴着你的体温，数着你的心跳，陪你一起入睡。

你就睡在我眼前，近在咫尺。但这咫尺之间，却远隔天涯。

你的名字，写满了我平时上课用的草稿纸。你的生日，你的兴趣爱好，被珍藏在我最爱的密码锁记事本上。

这些，你应该都不知道吧。你怎么可能会知道呢？

喜欢你，从来都只是我自己一个人的事而已。这件事，与别人无关。与你，也无关。

04

拿到录取通知书那天，你给我打电话，约我出去吃饭。

刚到约定好的地方，你便迫不及待地告诉我："顾念晨，告诉你一个好消息。"

"我有女朋友了！"

你深情而温柔的眼神，是我从未见过的。

到了嘴边的那句"恭喜"被吞咽下腹。我只能假装听不见："什么？"

"我说我有女朋友了！"你的声音很大，击碎了我的伪装。

"真好，恭喜啊！那啥，可以吃饭了吗？我好饿。"掰开筷子，我胡乱夹了菜塞进嘴里。

往日里最爱吃的菜，彼时却味同嚼蜡。

饭后，我们便各自回家。告别前，我问你："那个，高考前我送你的书，收到了吗？"

考试的前两天，我给你送了自己最喜欢的一本书：《我与地坛》。不知你可否有收到，可否有翻过？

"书？我不知道啊。家里的快递一般都是我妈拿的。这样啊，我待会儿回去问问她。"

"没事没事，没有就算了。"就当我没寄过。

书里的那封信，也当我没写过。

所有的一切，就当没发生过。

看着你走远，我转过身，泪流满面。

那些熬夜到凌晨，只为了弄懂一道数学题，但成绩排名还是在倒数的最后几名。那时候，我没哭。被班主任找去办公室谈话，让我别耽误你，不要影响你。那时候，我也没哭。除了你，所有人都知道我喜欢你。那时候，我也没哭。

但看到你满眼深情，告诉我那个女孩有多优秀，你们有多默契时，我再也忍不住眼里的泪了。

心若一动，泪便千行。

遇到你，我也总算明白了这句话是什么意思。

最先下注的人，无论结局如何，是输是赢，都得接受。很显然，这场赌注，我输了。

输到丢盔弃甲。

但我是输给你的，而不是她。输给你，我心甘情愿。

05

故事的最后，我还是去参加了聚会。

包间里，你坐在中间。一副眼镜，一件白色衬衫，略带微笑的面容。

只需一眼，我便能认出你来。

几年未见，你风采不减当年，依旧帅气，依然彬彬有礼。席间，你对每个人都体贴周到。

自然的，我也不例外。

"念晨，是吧？这些年，过得还好吗？"你一边往酒杯里倒酒，一边问我。

这是我第一次听到你这么称呼我。亲切，疏远，又带着疑问。

才几年没见，你就记不得我的名字了。若是时间再往后推移，是不是连我长什么样，是谁，你都一并忘了？

原来，这就是我在你心中的分量。

我懂了，一直以来，都是我在自导自演。是我先犯规，先入戏了。

"我很好，你呢？"端起酒杯，我向你致意。

"我也很好。对了，我下个月举办婚礼，到时候你可以和大家一起来。"你向我点头，说道。

"抱歉啊，那时候可能要出差。"我才不会去，不想看到你们幸福的模样。

聚会还未结束，你中途便要起身告辞。

"听我唱完一首歌再走吧。"我站起来，挡在你面前。

你深深看了我一眼，再看看其他人，然后点头答应。

六年前，若是我也像现在这般勇敢，你也和此时一样再坚持一下。

我和你，我们之间，是否会有另一番不同的结局？

熟悉的旋律响起，你坐在沙发上，视线从始至终都停留在我身上。一秒都没离开过。

从什么都没有的地方，

到什么都没有的地方，

我们像什么事都没发生一样。

……

我也曾经憧憬过，

后来没结果，

只能靠一首歌真的在说我，

是用那种特别干哑的喉咙，

唱着淡淡的哀愁；

我也曾经做梦过，

后来更寂寞，

我们能留下的，

其实都没有。

原谅我用特别沧桑的喉咙，

假装我很怀旧，

假装我很痛，

其实我真的很怀旧，

而且也很痛。

06

我用一首歌的时间，让你多停留了几分钟。

但我知道，歌唱完了，你总要走。我的声音，留不住你。我的人，更是如此。

你从沙发起身，与众人一一握手告别。来到我眼前，你却拥抱了我："顾念晨，那本书，其实很早之前我就收到了。到那时候，我已经有女朋友了。"你在我耳畔低声说道。

"顾念晨，祝你幸福。"话音刚落，你转身就走。

话筒从手中脱落，看着你最后离去的背影。我对自己说："我不爱你了，甚至希望你能真的幸福。"

当年的那封情书，是写给你的；现在的情歌是唱歌给你听的；以前爱过你，也是真的。

现在不想爱你了，也是真的。

聚会结束后，我没有和他们道别。若不是因为你，我不会来。你走了，我的剧情也该落幕了。

回到家后，我翻出当年的毕业照。那是我和你唯一的一张照片。那身黑白配的校服，也是我和你穿了三年的"情侣装"。

站在阳台上，把照片贴着左心房，天上皎洁的月光照亮了眼前的黑暗。

可我，却像迷途的羔羊一样，找不到归来时的路。

如果当初我再勇敢一些，你再多问我几次。那么一个月后，站在你身旁，挽着你的手，和你一起共度余生的人。

会不会就是我？

当时的你，是最好的你。现在的我，才是最好的我。最好的我们之间，却隔了一整个青春。

无论如何努力，都跨不过去的青春。

所以，只能挥手道别。

你的身旁，太拥挤。没有我可以驻足的位置。你的身旁，太远，是我此生无法抵达的远方。

三十八 谢谢你，给我这 27 厘米的爱情

一房，两人，四季，三餐。一想到余生有你相伴，我便爱极了这个世界。

01

昨晚我跟先生说，"以前写了那么多别人的故事，明天就写写我们的吧？"

先生回我说："可以啊，题目想好没？"

我把手机拿给他看，指着题目的这句话告诉他："暂时就定这个，怎么样？"

他点点头，然后把我从沙发上搂到他怀里，说："原来我们家丫头矮我这么多呀！"

窝在他怀里，我佯装生气，使劲儿挠他痒痒，直到他举手投降求放过。

哼！小样！我还治不了你！把玩着他手掌，我内心已被幸福填满。

有生之年遇见你，竟花光了我所有的运气。这句话用来形容我和先生再适合不过了。但相比起这个，我更喜欢：

从未想过与你相遇，滚滚红尘茫茫人海还不算太晚。

02

初识先生那年，我 23 岁，他 27 岁。

他自称是小叔叔，我却总喜欢喊他"大叔"。他说自己没那么老，我却总是故意呛他："在我看来，比我大三岁的都是大叔，而你大我四岁。"

他气结，但又无可奈何，只是每次都敲我脑袋，说："好好好。大叔就大叔，只要我们家丫头喜欢。"

我当然喜欢啊，再也不会像喜欢他这样喜欢别人了。

先生是学播音的，声音特别好听。记得当初我第一次听到他说话时，是这样形容他的："嗯，你的声音第一次听的时候会觉得很撩人，特别像自己的心上人在耳畔低声呢喃那样。"

他哈哈大笑，然后回我："那以后天天说给你听，好不好？"

不置可否地，那一刻，我听到自己左心房处有一朵花砰一声炸开了，少女心酥了一地。

"那我以后还想听你唱歌，可以吗?"人啊，就是这么贪心。但凡得到一点点，就会奢求拥有更多。

先生没有回答我，但往后的日子里，他每天都用一首歌践行着自己对我的承诺。

他给我唱的第一首歌是:《说散就散》。六十秒的语音，我来回反复听了无数次，还收藏了起来。

低沉，悦耳，磁性，这些词语都不足以形容先生的嗓音。用他自己稍稍自恋的话来说就是:"老天爷赏饭吃。"

我们还没在一起的时候，我和他开玩笑说:"你以后的女朋友肯定特幸福，每天都有这么好听的声音跟她说话。"

后来，我们在一起之后，先生问我:"请问我们家丫头，有没有觉得自己很幸福呢?"

搂着他脖子，用脑袋蹭蹭他下巴，我回:"当然幸福啊! 幸福得都要冒泡了。"

一房，两人，四季，三餐。一想到余生有你相伴，我便爱极了这个世界。

03

我从不相信缘分，直到遇见先生才觉得缘分这东西真是妙不可言。

我是在先生的公众号上认识他的。听完他的第一段音频后，便果断添加了他微信。

第一次加他好友，我小心翼翼地给他发消息：先生你好，很喜欢你的声音呢。

按捺着内心狂跳不已的小鹿，满怀期待地等着他的回复，结果他却一整天都没搭理我。

气不过，我转手就删了他。哼！不回就不回呗！本姑娘还不稀罕呢！不就仗着声音好听嘛！

有了第一次就有第二次。再一次加他，我把自己写的文给他公众号投稿。结果还是和第一次一样，等了几天他都没回复我消息。

一样的，我又删了他。就算是没有通过，总得有个回复吧？可他倒好，我眼巴巴等了好几天，他却一句话都没给我答复。

删掉他之后的第二天，我收到了他发来的邮件：请留一下联系方式。

那时候根本记不得我已经删过他两次了，迫不及待地在微信上输入他的微信号，添加了好友。

"我又回来了。"这是我第三次加他好友时和他说的第一句话。

他回我："我记得你。"

"下次千万别再删我了哈。"他连发了好几个委屈的表情，活脱脱一个受了气的小媳妇模样。

我摇头一笑，说："好。"

接下来就是他教我如何改稿，如何更好地把自己的感情投入到文字中去。

那天他竟没有对我再三删掉他这件事生气，反而特别有耐心地教了我很多东西。我们破天荒地聊了四五个小时，从中午聊到晚上，从白天聊到黑夜。

后来我问他为什么对我这么好，他说他自己也不知道。"其实我不是很有耐心的人，然而我也不知道为什么对你这样。"

当时他给我发了一张截图。他的邮箱里有很多稿件，但他只回复了我的。

可能这就是冥冥之中的缘分吧，我想。

04

先生老说我欺负他。

我冤枉啊！我怎么可能欺负他？喜欢他都来不及呢。

"你让我读你的文，我读了。你让我给你唱歌，我唱了。你说想吃糖，我还给你发了红包。你还想我怎么做？"他委屈巴巴地控诉我，说我欺负他。

我哭笑不得，心里却像掉进蜜罐里那般甜得要发腻。

如果没记错的话，先生给我唱的第二首歌是赵雷的《成都》。

和我在成都的街头走一走，直到所有的灯都熄灭了也不停留。你会挽着我的衣袖，我会把手揣进裤兜。走到玉林路的尽头，坐在小酒馆的门口。

听完，我说："先生，以后等我们有机会去成都，你再给我唱一次好不好？"

我挽着你，你唱着歌，我们一起慢慢地从成都的街头走到玉林路的尽头，走到余生的尽头。

先生说："好呀，你可要抓紧我，别走丢啦。"

放心吧，先生。我一定会牢牢抓紧你的，余生都不会撒手的。

05

我永远忘不了第一次和先生见面时的情景。

人山人海的火车站里，先生一身西装站在车站的大门口等我。

见到我的第一时间，我们没有拥抱，没有热泪盈眶，反而是彼此做着自我介绍。

"你好！我是×××。"

"你好！我是×××。"

"我今年 27 岁。"

"我 23 岁。"

"我身高 187cm。"

"我身高 160cm。"

"萌萌哒。"

虽然早先就了解过对方的情况，但还是难免噗嗤大笑了一番。

令人瞠目结舌的一番介绍后，先生一把把我搂进怀里，紧紧抱着我，像是要把我揉进他身体里似的。

拥挤的站台，他把头顶在我发端，俯身在我耳畔，用他那诱人的嗓音轻声呢喃："丫头，你终于来了。"

嗅着他身上特有的薄荷香气，我也紧紧回抱着他。"先生，你会不会嫌我矮啊？"不知怎么的，突然就问出这句话了。

"当然不会啊，这样刚刚好呢，傻丫头。"

"可是你太高了，我踮起脚尖都够不着啊。"

"不用你踮起脚尖，我会蹲下来。"

"那，余生就请先生多多指教啦。"

"也请丫头多多关照。"

06

先生牵着我走出站台，熙攘的街道上，他一手牵着我，一手揽着我肩膀。

见过山，见过海，再遇见人群中的你。人潮汹涌，谢谢你始终紧握着我的手。

先生，谢谢你给我这 27 厘米的爱情。